Hans Herlin · Die Sturmflut

Hans Herlin
Die Sturmflut

Nordseeküste und Hamburg im Februar 1962

Ernst Kabel Verlag

Foto-Nachweis

Erich Andres: S. 33, 133 oben, 147; Associated Press: S. 12/13; Gunnar Brumshagen: S. 140/141, 154/155; Gerd Claussen: S. 84/85; dpa: S. 63, 76/77, 126/127, 164/165; Ferdinand Gatermann: S. 104/105; Hansa-Photo, Westerland: S. 38/39; Günther Krüger: S. 18/19, 58/59 (freigegeben L. A. Hbg. 100525), 121 (freigegeben L. A. Hbg. 100516); Kurt Kühne: S. 112/113; Uwe-Jens Niss: S. 52/53, 133 unten, 159; Viktor Rihsé: S. 44/45; Studio Schmidt-Luchs: S. 90/91; Carl Schütze: S. 98/99; UPI: S. 170/171; Otto Volgmann: S. 26/27 (freigegeben L. A. Hbg. 98/72).

Umschlagentwurf: Peter Albers
Titelfoto: Ullstein Bilderdienst – dpa
Gesamtherstellung: Clausen & Bosse, Leck
ISBN 3-8225-0398-3

1 3 5 7 9 10 8 6 4 2

Inhaltsverzeichnis

Aus dem Bericht des Hamburger Innensenators Helmut Schmidt in der Sonder-Sitzung der Bürgerschaft am 21. Februar 1962

Herr Präsident! Meine Damen und Herren! Die Katastrophe, die wir erlebt haben, hat ein Ausmaß erreicht, wie wir es seit dem Hamburger Brand nur im Zweiten Weltkriege erlebt haben. Die Sturmflut von Freitag auf Sonnabend hat nach Mitteilung des Hydrographischen Instituts alle jemals in Hamburg gemessenen Sturmfluten übertroffen, einschließlich derjenigen von 1825, die seither als die bisher schwerste gegolten hatte. Es sind zur Stunde 259 Tote geborgen. Davon sind 204 Personen identifiziert. Ich zweifle nicht, daß die Zahl der geborgenen Toten noch steigen wird. In den Krankenhäusern und im Gesamtbereich der Gesundheitsbehörde waren gestern nachmittag 443 Personen eingeliefert. In 50 Lagern und Auffangstellen, vornehmlich im Bereich der Sozialbehörde, zum Teil des Deutschen Roten Kreuzes, waren gestern nachmittag 11571 evakuierte Personen anwesend. Privat untergekommen, soweit wir es bisher übersehen können, sind 5880 Evakuierte. Insgesamt ist es also, soweit es im Augenblick übersehbar ist, eine Zahl von 17894 Personen, die am Leben geblieben sind und die aus ihren Wohnungen haben weichen müssen. 20 Prozent des hamburgischen Staatsgebietes sind unter Wasser gewesen.

Erste Warnung

Die meisten Stürme werden geboren, wachsen, hauchen ihr Leben aus und bleiben namenlos. So ein Sturm war die Mutter von *Vincinette.* Die Tochter aber – *Vincinette* – war einer jener Stürme, die in die Chronik unseres Jahrhunderts eingehen werden.

Den Namen erhielt sie in einer alten, verschnörkelten Villa aus der Jahrhundertwende im vornehmen Berliner Ortsteil Dahlem, einen Tag nach der Geburt.

Der Tag war der 15. Februar 1962, ein Donnerstag. Die Stunde: 10.00 Uhr.

Der Mann, der diesen Sturm taufte, war mittelgroß, dunkelblond, Mitte Dreißig, der Meteorologe Dr. Gerd Hoffmann. Wie ein Arzt vor seiner Röntgenaufnahme, so saß er in seinem weißen Kittel über die Karte gebeugt, die die Hälfte der nördlichen Erdkugel zeigte, von Labrador bis weit nach Rußland hinein.

Schon der erste Blick auf das Sturmtief bei Island überzeugte ihn davon, daß in den vergangenen vierundzwanzig Stunden – seit er die letzte Karte ausgewertet hatte – aus dem Baby ein erwachsener Sturm geworden war.

Er blickte nach draußen in den Park mit den zahllosen Instrumenten und dem hohen Turm mit dem Regen-Radar. Der Himmel war leicht bewölkt. Die Temperatur ein Grad unter Null. Es war schwer vorstellbar, daß in dieser Stunde sich ein Sturmzentrum zum Anmarsch bereit machte.

Der Meteorologe holte sich die Karten von den Vortagen. Er verglich sie: Die Mittagskarte vom 12. Februar, 13 Uhr, zeigte erstmals den kleinen Sturm südlich von Neufundland, die Mutter.

Nichts an ihm war außergewöhnlich. Das Meer um Neufundland war die Heimat vieler Stürme. Dort beginnen ihre Zugstraßen, denen sie so instinktsicher folgen wie Vögel ihren Flugbahnen von Norden nach Süden.

Die Mutter hatte nie einen Namen bekommen, weil sie zu unbedeutend war. Unschlüssig hatte sie sich auf die Reise gemacht. Lustlos und scheinbar ohne zu wissen, was sie wollte. Niedrig wirbelte sie über dem blauen Wasser, in dem schwimmende Eisberge nach Süden trieben, zur Neufundlandbank. Vor ihr lag der Weg, auf dem die Stürme zeigen müssen, was in ihnen steckt: die Grönlandstraße, an der unwirtlichen Ostküste entlang, menschenleer und in dieser Zeit von schwerem Packeis versperrt.

Es ist die Straße, auf der sich das Schicksal der Stürme entscheidet: die Kampfzone zwischen den riesigen Luftmassen der Polarzonen und den warmen subtropischen Strömungen.

Hier gehen die Stürme unter oder werden stark.

Die Mutter war keine Kämpfernatur. Sie blieb, was sie schon bei der Geburt gewesen war: ein träges, unentschlossenes Wesen. Am Morgen des 14. Februar wich sie nördlich in die Davisstraße aus, dorthin, wo warme Meeresströmungen die Westküste Grönlands offenhalten. Dorthin, wo Menschen leben, Eskimos, Dänen, Amerikaner, wo es eine Vegetation gibt... Bevor sie in die Davisstraße abzog – gebar sie eine Tochter!

Die Tochter glich in nichts, aber auch in gar nichts der Mutter. Schon 200 Meilen weiter östlich von ihrem Geburtsort maßen die Meteorologen an Bord des englischen Wetterschiffes „Anton" Windstärken von 30 Kilometern in der Stunde... Sechzehn Stunden später, um sechs Uhr in der Frühe des 15. Februar, hatte sie das Meer nordöstlich von Island erreicht. In den ganzen letzten Monaten hatte es keinen so frühreifen Sturm gegeben.

Einen Augenblick verharrte sie dort. Aber in ihrem Warten war nichts Unschlüssiges. Sie sammelte Energie. Es war wie ein großes Atemholen.

Der junge Sturm sog gierig die über der Polarkuppe liegende klare Luft in sich ein. Stunde um Stunde wurden die Luftmassen gewaltiger. Noch griff der Sturm niemanden an. Noch spielte er nicht Schicksal. Noch wußte niemand, daß er Hunderte töten und Tausende aus ihren Heimen vertreiben würde.

Aber er befand sich bei Island, an einem Punkt, den alle Meteorologen kennen und fürchten: als Ausgangspunkt der „Rennstrecke der Zyklonen".

Es wurde Zeit, dem Kind einen Namen zu geben.

Der Meteorologe in seinem weißen Kittel an seinem Schreibtisch in der alten Villa in Berlin-Dahlem holte das Namenregister mit den weiblichen Vornamen aus der Schublade.

Seit acht Jahren gab das Institut für Meteorologie und Geophysik in Berlin den Stürmen Namen, so wie die Amerikaner es seit langem tun. Jedes Jahr, im November bei den ersten Herbststürmen, beginnt das Institut mit einem Namen mit „A". Inzwischen war ein Name mit „V" an der Reihe.

Der Meteorologe fühlte die Spannung wie einen kalten Luftzug im Rükken. Es war, als übernehme er mit der Taufe eine persönliche Verantwortung.

Aus einer unverständlichen Geheimformel mit Isobaren, Druckfall und Windstärken wurde ein Wesen mit einem eigenen Leben, mit guten und bösen Taten, fast möchte man sagen: mit menschlichen Eigenschaften.

Der Finger des Meteorologen fuhr die Reihe der Namen entlang. Er hatte viele Stürme getauft und – vergessen. Er fühlte, daß dieser einer war, an den er sich erinnern würde. Sein Zeigefinger hielt bei dem Namen inne, der an der Reihe war:

Vincinette.

Er stutzte, versuchte sich auf seine Lateinkenntnisse zu besinnen. *Vincinette* ... Er sprach den Namen laut vor sich hin: *Vin-si-nett.* Er bemerkte erst jetzt das Mädchen vom Fernschreiber, das ihm über die Schulter blickte.

„Unser neues Baby“, sagte er, „*Vincinette* ... die Siegreiche! Ein anspruchsvoller Name.“

Das Mädchen hielt ihm die weißen, abgerissenen Papierstreifen des Fernschreibers hin.

„Neue Meldungen?“ fragte er.

Sie nickte und gab ihm die weißen Fahnen.

Er überflog die Meldungen. Wetterschiff „Martha“ meldete Windstärke 6 aus Süd, Barometer fallend 74...7,4 Millibar Druckfall in drei Stunden. Die Shetlands hatten bereits Windstärke 8 aus Südwest...

Vincinette war offenbar entschlossen, ihrem Namen Ehre zu machen.

Der Wind, der die Stürme bringt

Die „Meerkatze“ hielt genau nördlichen Kurs. Das 660 BRT große Fischereischutzboot war an diesem Morgen in aller Frühe aus Cuxhaven ausgelaufen, zu seiner hundertsten Einsatzfahrt nach Island.

Um zehn Uhr vormittags befand sich das Schiff auf 55,9 Grad Nord und 5,5 Grad Ost, etwa 120 Meilen vor der norddeutschen Küste.

Das Fischereischutzboot hatte einen Meteorologen an Bord, der ständig mit Hamburg in Verbindung stand. Alle drei Stunden hatte er seinen Wetterbericht nach Hamburg zu funken. Den nächsten um elf Uhr vormittags...

Als Curt Emmrich, der achtundzwanzigjährige Bordmeteorologe, um zehn Uhr an Deck kam, stellte er sofort die Wetterveränderung fest. Der Himmel, vor einer halben Stunde noch von einem strahlenden Blau, hatte ein dickes, düsteres Gefieder bekommen. Ein plötzlicher Windstoß schäumte das Wasser auf.

Der junge Meteorologe sah zum Mast mit den Meßgeräten empor. Der Windmesser wirbelte, daß seine Schalen fast unsichtbar waren. Die Flagge hing steif im Wind, als sei sie aus Blech. Emmrich stand dort einen Augenblick, mit seinem sehr schmalen und für seine Jugend erstaunlich ernsten Gesicht; es hatte etwas Kantiges, Hölzernes, mit den schlecht geschnittenen Haaren. Er ging schnell hinein zu seinem Arbeitsplatz.

Erich Teetzen, der alte, erfahrene Funktechniker, saß hinter seinem Gerät in seinem dicken, schwarzen Fischerpullover. Die Kopfhörer lagen auf seinen Knien.

Teetzen fuhr seit dreißig Jahren zur See, seit zehn Jahren auf der „Meerkatze". Alle Funker der Loggerfischer an den großen Fangplätzen vor Island und der norwegischen Küste kannten seine Stimme und seinen Spitznamen, den ihm seine lange Nase eingetragen hatte. Für sie war Funker Teetzen nur der „Nasenbär".

Der junge Meteorologe kontrollierte seine Meßinstrumente. Das Barometer war gefallen. Die konzentrischen Kreise des Sturmtiefs bei Island sahen ihn wie ein Auge an. Er wußte nicht, daß ein anderer diesem Tief gerade den Namen *Vincinette* gegeben hatte.

„Das kommt auf uns zu", sagte Emmrich nur.

Ein Bleistift rollte langsam über den Kartentisch. Fast am Rand fing er sich. Er rollte zurück, als das Schiff sich zurückneigte.

Emmrich begann, den Druckfall und die anderen Werte auf seiner Karte einzutragen und auszuwerten.

Teetzen beobachtete den jungen Meteorologen bei der Arbeit. Die knochigen Schulterblätter bewegten sich unter dem karierten Hemd. Sie fuhren erst seit drei Reisen zusammen, Emmrich und er. Der Junge – er hätte sein Sohn sein können – war vor dem 13. August in den Westen geflüchtet. Er hatte zwei Jahre an der sowjetzonalen Wetterwarte Warnemünde gearbeitet. Mehr wußte der Funker nicht von ihm.

Emmrich war, das hatte Teetzen auf diesen drei Reisen gesehen, ein guter Meteorologe. Aber auf See brauchte man Leute, die die Ruhe weghatten. Never-mind-Leute, wie der alte Teetzen sie nannte.

„Woher stammen Sie eigentlich?" fragte er unvermittelt.

Emmrich wandte sich überrascht um. „Aus dem Riesengebirge."

Eine Landratte, dachte Teetzen. „Viel Ski gefahren?"

Das Gesicht des Jungen hellte sich auf. „Ich hatte einen Schulweg von zwei Stunden. Und der Winter war sechs Monate lang. Wir wuchsen mit Skiern an den Füßen auf."

Teetzen hatte den Sender eingeschaltet und auf die Fischereiwelle 23 eingestellt. „Gib mir die Durchsage!"

Er spürte die Wärme des Gerätes und lauschte auf das leise Summen. Wie immer spürte er dabei ein Glücksgefühl. Er stülpte die Kopfhörer über das schuttere Haar.

„Meerkatze", meldete er sich. „Hier Meerkatze ... Ich rufe alle Fischereiboote auf dem Gatt ..."

200 Meilen nördlich von ihm sagte der Funker auf dem Fischkutter

„Düsseldorf" auf den Fangplätzen beim Gatt: „Der Nasenbär spricht."

Der Nasenbär gab mit seiner ruhigen, behäbigen Stimme seine Sturmwarnung. Aber er lächelte dabei. Er warf einen kurzen Blick auf die Schultern des Jungen, der wieder über die Karte gebeugt dasaß. Nasenbär Teetzen hatte viele Stürme erlebt. Er wußte, daß sie eine gute Probe waren.

Stürme zerbrachen alte Freundschaften – und schlossen neue. „Hier Meerkatze", sagte er. „Meerkatze ..."

Die gerahmte Fotografie von der „Meerkatze" hing genau über dem Tischchen mit dem Telefon. Der Apparat hatte die Nummer 828192. Der Teilnehmer wohnt in Hamburg-Nienstedten, einem Elbvorort, Bettinastieg 8. Sein Name: Dr. Otto Mertins. Beruf: Seemeteorologe.

Es war kurz nach zehn Uhr, als der Apparat klingelte.

Frau Mertins hörte es klingeln, als sie gerade die Wohnungstür aufschloß. Sie ließ das Einkaufsnetz auf den Boden gleiten und rannte zum Apparat. Sie nahm den Hörer ab, daß es nicht weiterklingelte. Wieder war es jemand, der sich bei ihrem Mann nach dem Wetter erkundigen wollte. Sie wimmelte ihn ab:

„Mein Mann ist erst heute morgen um acht nach Hause gekommen. Er hatte Nachtdienst." Sie legte auf.

Sie hörte die Tür. Sie sah ihren Mann aus dem Schlafzimmer kommen. Er knotete den Gürtel um den alten Bademantel und strich sich die wirren Haare glatt.

„Tut mir leid", sagte sie. „Du hast recht, Meteorologen sollten kein Telefon haben. – Du siehst müde aus ..."

„Ich konnte sowieso nicht schlafen", sagte er. „Dieser Winter hat es in sich. Jetzt braut sich schon wieder was zusammen. Man ist nach einer solchen Nacht einfach zu aufgedreht. Dreizehn Stunden sind lang, und man sitzt da und knobelt und hat doch die Verantwortung ..."

Er stand jetzt neben ihr. Er sah sie an und dann die gerahmte Fotografie. „Die ‚Meerkatze' ist heute morgen wieder ausgelaufen", sagte er, „nach Island. Sie haben einen Neuen an Bord ..."

„Du bist unverbesserlich", sagte sie in einem Tonfall, der zeigte, wie gut sie sich verstanden und wie lange sie schon verheiratet waren. „Du wärst wohl gern dabei."

Er war jahrelang als Bordmeteorologe auf der „Meerkatze" gefahren. Über sechzig Reisen nach Island, Grönland, nach den Lofoten – Reisen, von denen jede sieben bis acht Wochen dauerte. Es gab keinen unter den Meteorologen in der Seewetterwarte in Hamburg, der so viele Fahrten gemacht hatte wie er. Erst seit zwei Jahren machte er „Landdienst".

Die überschwemmte Straße von
Hamburg nach Harburg.

Er legte den Arm um sie. Es war eine Geste, die mehr als Worte sagte. Sie besagte, daß die Frau in ihrer Ehe die größeren Opfer gebracht hatte. Sie hatte jahrelang alle Entscheidungen zu treffen gehabt, die sonst Männer ihren Frauen abnahmen.

Sie griff nach ihrem Einkaufsnetz. In der Tür zur Küche sagte sie: „Vergiß nicht, du hast heute nachmittag noch Fahrstunde – um fünf."

Sie hatten einen Wagen, aber nur seine Frau fuhr. Er war nie dazu gekommen, seinen Führerschein zu machen, weil er dauernd auf See war.

„In der nächsten Woche ist die Prüfung", sagte er. „Hoffentlich bestehe ich."

Der Nachtdienst des Dr. Mertins begann an diesem Donnerstag um Viertel vor sieben Uhr abends. Er fuhr mit dem Schnellbus die Elbchaussee entlang bis zu der Haltestelle an der Hafenstraße. Es dunkelte bereits. Die letzte Strecke zum Seewetteramt in der Bernhard-Nocht-Straße ging er zu Fuß.

Das Wasser der Elbe war grau und unruhig. Es verzerrte die Lichter der Werften auf dem gegenüberliegenden Ufer. Hin und wieder strahlte der bläuliche Funkenstrahl der Schweißbrenner auf. Von den Landungsbrükken legte gerade die Fähre 7 nach Kuhwerder ab.

Obwohl er schon spät dran war, blieb Dr. Mertins einen Augenblick stehen. Hier am Hafen war er geboren und groß geworden. Sein Vater hatte ihn bereits als kleinen Jungen mit auf die Fähre 7 genommen. Noch heute kannte er die Schiffe aus jener Zeit und wußte, was aus ihnen geworden war.

Ein Schiff, das er einmal gesehen hatte, vergaß er nicht. Immer trug er ein zusammenklappbares Fernrohr bei sich und ein kleines schwarzes Notizbuch, in das er jedes neue Schiff eintrug.

Sein Kopf war wie ein einziges großes Lloydregister. Sie hatten sich dort alle eingetragen, mit Namen, Nation und ihren Schicksalen. Schiffe waren für ihn wie Menschen, und er lebte mit ihnen wie mit Menschen.

Schon als Student der Meteorologie hatte er viele Seereisen auf Forschungsschiffen gemacht. Im Krieg arbeitete er als Nachtjagd-Meteorologe. Im Frühjahr 1945 war ihre Truppe noch an die Ostfront verlegt worden.

Die Gefangenschaft war die schlimmste Zeit für ihn gewesen. Viereinhalb Jahre Rußland, kein Meer, keine Schiffe. Ende 1949 war er zurückgekehrt. Als Bordmeteorologe auf der „Meerkatze" hatte er wieder angefangen . . .

Er sah auf die Uhr. Die Achtzehn-Uhr-Meldung des Fischerei-Schutzbootes mußte schon eingegangen sein.

Er ging hastiger. Er spürte den starken Wind, als er ging. Das Hämmern von der Werft kam klar und hell über das graue Wasser der Elbe, und er wußte aus langer Erfahrung, daß der Wind auf West gedreht hatte.

Es war der Wind, der die großen Stürme brachte...

Punkt 19 Uhr 15 lag die neueste Wetterkarte auf seinem Tisch. Es war die erste von vielen Karten, die er in dieser Nacht zu analysieren hatte. Das Wetter lag vor ihm wie ein offenes Buch. Die Zeichen, Ziffern und Werte hatten nichts Geheimnisvolles für ihn. Es war, als analysiere ein Mann des Generalstabes die verschiedensten Anzeichen einer beginnenden Schlacht.

Alle Zeichen deuteten auf Sturm.

Dr. Mertins achtete auf nichts sonst, als er jetzt angestrengt arbeitete. Das Fernglas und das schwarze Notizbuch lagen unberührt vor ihm.

Von seinem Schreibtisch aus konnte er hinunter auf das Fahrwasser der Elbe sehen, aber er wandte den Blick nicht von der Karte.

Das Tuten der Schiffe drang in den Raum. Manchmal ging eine Tür auf, und er vernahm das wilde Klappern der Fernschreiber.

Er suchte den letzten Bericht der „Meerkatze" heraus. Das kleine Schiff meldete bereits Windstärke 8 mit Böen von über 50 Kilometern in der Stunde. Aber er kannte das Schiff und die Menschen, die es führten. Um sie machte er sich keine Sorgen. Was ihn beunruhigte, war der Sturm.

„Es sieht ziemlich gefährlich aus", hatte Dr. Rödiger, der Meteorologe der Nachmittagsschicht, ihm bei der Übergabe gesagt. Dr. Rödiger hatte bereits folgende Warnungen hinausgegeben:

Windstärke 8 für die nördliche und mittlere Ostsee, für die Küstenstationen rund um die Deutsche Bucht Windstärke 7–8. 8 – das war noch stürmischer Wind. 9 – das bedeutete Sturm. Aber Dr. Mertins zögerte, die Warnung bereits jetzt auf 9 zu erhöhen.

Um 20 Uhr 15 hatte er seine Vorhersage für den großen Norddeich-Radiobericht zu diktieren. Er hatte also noch Zeit. Er würde die nächste Karte abwarten, ehe er die Warnung erhöhte. Er überprüfte noch einmal alles, mit einem drückenden Gefühl der Verantwortung.

Vorboten des Unheils

Die Menschen in Norddeutschland wußten nichts von der Geburt und dem Wachsen der *Vincinette.* Sie wußten nichts von dem jungen Sturm, der mit seiner gewaltigen Kraft das europäische Nordmeer beherrschte. Sie wußten nicht, welchen Weg *Vincinette* einschlagen würde.

Um 7 Uhr 45 war die Sonne aufgegangen. Um 17 Uhr 34 versank sie. Neunzehn Minuten vor vier war der Mond erschienen, eine matte, fast runde Scheibe. In vier Tagen, am 19., war Vollmond.

Die Zeitungen der Küstenstädte gedachten des Geburtstages von Galileo Galilei. Ihre Wetterkarten zeigten *Vincinette* noch als ein schwaches Tief in der Dänemarkstraße. Die Vorhersagen lauteten auf eine Beruhigung der Wetterlage.

Einige Zeitungen zitierten den Hundertjährigen Kalender. Er verhieß Schnee und Wind.

Für die Menschen, die am Meer wohnten, war dieser 15. Februar 1962 ein Tag wie jeder andere. Niemand erkannte die Anzeichen von der Existenz der *Vincinette.* Aber – es gab sie. Überaus seltsame Anzeichen.

Es begann bereits am Mittwoch mit den zwei wilden Schwänen. Ein Großvater mit seinem Enkel aus Lemwerder entdeckte die beiden Tiere an der Weser. Sie kamen vom Meer hereingeflogen, zwei mächtige, große Tiere. Den ganzen Tag über wurden sie auf dem Wasser des Weser-Jacht-Hafens beobachtet. An Nachmittag flogen sie weiter landeinwärts.

Am Donnerstag wurden beide Schwäne tief im Land von Bewohnern des Ortes Dreye auf der Weser beobachtet. Sie flüchteten vor etwas, was die Menschen noch nicht kannten.

Ein Bauer aus Braderup in Schleswig-Holstein entdeckte am Morgen des Donnerstags in seinem Hühnerstall einen Vogel.

Das Tier, das vor Erschöpfung bebte, war wachtelgroß, mit breiten Schwimmflossen zwischen den Zehen. Es war ein Krabbentaucher. Seine Heimat waren die felsigen Küsten Grönlands, Spitzbergens und Islands, tausend Meilen entfernt.

Was hatte den Krabbentaucher von Island nach Braderup gejagt?

Um zehn Uhr, in der Stunde, als *Vincinette* ihren Namen erhielt, gingen Fischer aus Kappeln in Schleswig-Holstein die Schlei entlang, um an ihrem Heringszaun zu arbeiten. Ende März, Anfang April – so wußten sie aus alter Erfahrung – ziehen die Heringe die Flüsse aufwärts, um zu laichen. Die Fischer von Kappeln hatten nie beobachtet, daß es früher geschehen war.

An diesem Morgen jedoch glitzerte das Wasser am Heringszaun silbern von Tausenden von Fischleibern ... Die Fischer fingen über zehn Zentner Hering und einen Zentner Stinte, deren Vorhandensein noch eigenartiger und mysteriöser war.

In Bergenhusen feierte man am Nachmittag das Richtfest eines Einfamilienhauses.

Während der Festrede sahen es plötzlich alle: Auf dem Mast einer Lichtleitung hatte sich ein Seeadler niedergelassen. Sie trauten ihren Augen nicht.

Jemand erinnerte sich, daß der letzte Adler hier vor dem Krieg gesichtet worden war, 1936, damals vor der schweren Flut im Oktober.

Das Tier, das der Sturm landeinwärts verschlagen hatte, saß dort eine Stunde. Manchmal breitete es die Schwingen aus, um die Balance zu halten. Dann flog es weiter, ins Innere des Landes.

In Otterndorf fing der Chef der Polizeistation einen völlig erschöpften Storch. Er trug einen Ring der Vogelwarte Helgoland.

Der Leiter der Lüneburger Vogelschutzstation sah an diesem Tag, daß Hunderte von Seevögeln in dem Vogelschutzgebiet der Elbniederungen Schutz suchten. Er entdeckte Tiere, die sich fast nie hierher verirrten. Es waren Nordvögel, die ihre Heimat zwischen Island und Skandinavien hatten: Baßtölpel, Ringelgänse, Gänsesäger, Alke ...

Überall am Strand der Nordseeküste wurden junge, hilflose Seehunde angetrieben, und bei der Tierausstopferei auf der Insel Borkum wurde ein Seehundfell angeboten.

Den Fischern von Cappelerneufeld bot sich ein ungewöhnlicher Anblick: Meerwasser hatte die Ländereien außerhalb des Deiches überspült und dabei Tausende von Regenwürmern getötet. Den ganzen Tag und die ganze Nacht fielen Scharen von Stockenten, Wildgänsen und anderen Vögeln hier ein und pickten sie auf.

Und dann die Ratten! Die Bisamratte, die der Bauer aus Lambertshof am Belumer Deich fing, war über dreißig Zentimeter lang. Sie war nicht die einzige, die man an diesem Tag fing.

Wie in Stollhamm, so kamen an diesem Tag in vielen Orten die Gemeinderäte zusammen und beschlossen, die Bekämpfung der Ratten privaten Firmen zu übertragen, weil sie ihrer selbst nicht mehr Herr wurden.

Die Menschen wunderten sich, aber alles, was sie dazu sagten, war: „Die Tiere irren sich in der Zeit." – Niemand war da, der alle diese Berichte von dem seltsamen Verhalten der Tiere an diesem Donnerstag vor dem Sturm überschaute. *Vincinette* hatte ihre Warner ausgeschickt. Niemand schien die Zeichen zu deuten.

Nur noch auf zwei Mauern steht
dieses Bauernhaus in Rübke.

Stürme sind Festtage

Aber es gab auch bereits einige Menschen, in deren Leben *Vincinette* an diesem Donnerstag eingriff. Einer davon war Dirk Babian.

Von Dirk Babian sagte man, daß er einen Sturm schon Tage zuvor ahnte. Man sagte auch, daß sein Hof keinen Nagel und kein Stück Holz enthielt, die er nicht in Sturmnächten am Strand aufgelesen hatte.

Dirk Babian widersprach beidem nicht, wenn er, was nur ein- oder zweimal im Jahr vorkam, mit seinen Brieftauben nach Kleinfeld zum Wettbewerb fuhr.

Sonst verließ er kaum den einsamen Hof an der Westermarsch, nicht weit von den hohen Sendetürmen von Norddeich-Radio. Früher, vor vielen Jahren, hatte Dirk Babian in Emden gearbeitet. Als Motorenwärter – bis er mit der linken Hand in das Schwungrad der Hauptmaschine geriet.

Sobald es an diesem Donnerstag dunkel wurde, hatte Dirk Babian den Leiterwagen aus dem Schuppen geholt und vor die Tür gestellt. Beim Essen sagte niemand etwas. Sie aßen schweigend. Dirk, die verhärmte Frau und der alte Mann in seinem Lehnstuhl am Fenster, der das selbstgebackene Brot in den runden Napf mit Milchkaffee tauchte.

„Laß mich mitgehen", bat der Alte in einem fast unverständlichen, breiten Dialekt. Er spürte den Sturm seit dem Morgen in seinen Gliedern.

Der Sohn gab ihm keine Antwort. Der Alte war fast gelähmt vom Rheumatismus, der ihn an seinen Stuhl fesselte.

„Nur dieses eine Mal noch", sagte der Alte, obwohl er wußte, daß er, wenn der Sturm kam, nichts anderes tun konnte, als am Fenster sitzen und hinausstarren in den Wind und in Erinnerungen kramen.

In Nächten, wenn es stürmte, erinnerte er sich immer an das gleiche – an die Glücksfälle seines Lebens: An das angeschwemmte Schnittholz von Deckladungen. An Bohlen und Bretter. An den Tag, an dem er die sieben Kisten mit Zitronen gefunden hatte. An den Öltank; sie hatten Wochen gebraucht, um ihn nachts heimlich auseinanderzuschweißen.

Es war bei jedem Sturm so. Ein unwiderstehlicher Drang zog sie dann nach draußen, ließ sie im Watt herumschweifen, auf ihrer heimlichen Jagd nach Strandgut.

Im Stall standen ein paar Schafe. Eine Kuh. Sie besaßen ein paar Felder und ein Stück Moor, wo sie Torf stachen. Aber die Arbeit auf dem Hof, im Haus mit dem Vieh – alle Arbeit an Land, das war Sache der Frauen.

Der Strand gehörte ihnen, den Männern. Er mußte seit Generationen in ihrem Blut liegen, dieser Rausch der Freiheit. Ein Sturm hatte für sie nichts Bedrohliches. Stürme – das waren ihre Festtage. Dann zeigte Gott seine Gerechtigkeit, indem er die Reichen strafte und die Armen beschenkte.

„De leve Gott snitt Brot", sagte der Alte in seinem Lehnstuhl mit leuchtenden Augen. Der Sohn zog die Lederjacke an und schlang den dicken Schafwollschal um den Hals.

„Der liebe Gott schneidet Brot für die Armen." Das hatte schon sein Vater gesagt, wenn es stürmte. Und seine Mutter hatte geantwortet: „Hoffentlich en beeten dick!"

Der alte, fast gelähmte Mann lächelte wehmütig in der Erinnerung daran. Er blickte seinem Sohn aus dem Fenster nach, wie er den Wagen hinter sich herzog.

Dirk Babian, Brieftaubenzüchter, Bauer und Wattenläufer auf der Westermarsch, wußte nichts von *Vincinette*. Er beurteilte Stürme danach, was sie antrieben: Er bat, als er den Wagen hinter sich herzog, um einen guten Sturm.

Es war wenige Minuten nach halb neun. Einen Augenblick lang hörte er über sich das Geräusch eines hoch fliegenden Flugzeugs, aber mit seinen Gedanken war er längst am Strand . . .

Ein Mann, dem das Unglück nachläuft

Die viermotorige Chartermaschine der Sabena war um 20 Uhr 30 von Bremen gestartet, mit 96 Auswanderern. An Bord befanden sich Ungarn, Jugoslawen, Polen und Deutsche, die die Wochen zuvor im Husumer Überseeheim verbracht hatten. Ihr Ziel war New York, die Neue Welt.

Die Maschine hatte ihre Flughöhe erreicht; die Passagiere hatten die Sicherheitsgurte abgeschnallt. Die Nachtlampen brannten über den Sitzen. Das Summen der Motoren füllte den Raum. Ein Kind auf einem der hinteren Plätze weinte.

Es wurde immer heißer in der bis auf den letzten Platz besetzten Kabine, aber Seffe Piontek zog den dicken, schwarzen Mantel nicht aus.

Seffe – oder Josef – Piontek und seine Frau Johanna saßen auf der rechten Seite, über den Tragflächen, beide mit breiten, bäuerlichen Gesichtern. Sie stammten aus Oberschlesien, aus Heydebreck bei Beuthen – oder Kandrzin, wie es früher geheißen hatte und auch jetzt wieder hieß. Seffe war dort Melker gewesen, auf einem großen Gut. Seit 1946 wohnte er in München.

Sie flogen zum erstenmal in ihrem Leben.

Die Frau hielt krampfhaft die lederne Tasche fest; die Tasche mit ihren Pässen, Impfbüchern, den Einwanderungsmanifesten und dem Umschlag mit den eingewechselten 1000 Dollar, dem Erlös für das verkaufte Taxi.

Seffe Piontek wandte keinen Blick von dem Feuerschein der beiden Motoren. Er berührte die Kabinenwand. Er beugte sich vor und starrte hinunter aufs Meer, als versuche er, die Entfernung abzuschätzen, die er fallen würde ...

Seffe war ein Mann, dem das Unglück nachlief. Alles, was er in den letzten sieben Jahren, seit seiner Flucht, versucht hatte, war ihm fehlgeschlagen:

Auf dem kleinen Hof war ihm das Vieh an einer Seuche gestorben. Den Kiosk auf dem Trümmergrundstück in München hatten sie räumen müssen, als er gerade abbezahlt war. Als Taxifahrer hatte er gut verdient. Jahrelang hatte er für einen eigenen Wagen gespart. Als er ihn endlich besaß und die Taxilizenz dazu, hatte er einen Unfall, an dem er selbst schuldlos war.

Er war jetzt achtundvierzig, seine Frau drei Jahre jünger. Er wußte, daß dies der letzte Versuch war, sein Leben in andere Bahnen zu lenken. Der Bruder seiner Frau, der vor zehn Jahren ausgewandert war, hatte für sie gebürgt und ihm die Stelle als Melker auf einer Farm am Michigan-See verschafft ...

Die Maschine der Sabena befand sich über dem Meer, als *Vincinette* sie attackierte.

Einer jener extremen Aufwärtswinde in großer Höhe, die es fast nie gelang, zu messen, riß die Maschine fast 60 Meter in die Höhe. Der ungeheure Luftdruck ließ die hunderttausend Nieten, die den Leib der Maschine zusammenhielten, ächzen. Die Tragflächen bebten und zerrten an ihrer Verankerung mit dem Rumpf ...

Die Gefahr war schon vorbei, als Seffe sich bekreuzigte. Er griff nach der Hand seiner Frau. Mit der Stimme eines Mannes, der sich damit abgefunden hatte, daß das Unglück ihn verfolgte, sagte er: „Wenn du bist verflucht geboren, hilft kein Beten ..."

Vorne, in der Kanzel der Maschine, konferierten der Kapitän und der Navigator.

„Mir schleierhaft", erklärte der Navigator. „Niemand konnte damit rechnen. Wir haben auf unserer Flugroute keine Meldung von solchen extremen Windverhältnissen. Ich kann mir nur denken, daß irgendein Windkeil dem Sturmtief bei Island vorausgelaufen ist ..."

Der Kapitän begab sich selbst in die Kabine, um die Passagiere zu beruhigen. Der Navigator meldete den Vorfall an die Bodenstelle.

Kein anderes Flugzeug meldete etwas Ähnliches. Alle Nachtflüge verliefen ruhig.

Noch war *Vincinette* zu schwach. Sie war auf der Suche nach ihren ersten Opfern. Den 96 Auswanderern an Bord der Sabena-Maschine würde sie nichts anhaben können.

Aber einen „Erfolg“ sollte sie an diesem Donnerstag noch haben.

Ein altes Boot . . .

Gottlob Gramkaus Kate stand beim alten Vorhafen, nahe an der Weser. Aus dem Fenster sah man den Fluß und das hohe Gestänge des Gezeitenwegweisers. Wenn der Wind auffrischte, schaukelten die Körbe, die Ebbe und Flut anzeigen.

Der Wind war am Nachmittag nicht sehr stark, aber vereinzelte Böen rissen Radfahrer um, die auf der Deichkrone vor dem Haus des alten Fischers entlangfuhren. In den lokalen Abendnachrichten wurde davon gesprochen, daß der Kranbetrieb im Hafen wegen starker Böen eingestellt werden mußte.

Gramkau hörte die Nachricht aus dem alten Volksempfänger. Er nahm seine blaue Schiffermütze. Die Frau half ihm in den Mantel; dann setzte sie sich wieder an den Herd und knüpfte weiter an dem Fischernetz.

„I werd nomol no dem Kutter kieken“, sagte er beunruhigt.

Gottlob Gramkau und sein Kutter . . . Die Leute im alten Geestevorhafen kannten beide. Jeden Tag sahen sie den Achtundsiebzigjährigen bei seinem Boot. Er machte einen neuen Anstrich. Er pumpte die Bilge leer, wenn Wasser in das Boot gelaufen war. Er deckte den Motor ab, wenn es kalt wurde.

Der alte Fischer kam Sommer und Winter, ob es etwas zu tun gab oder nicht. Seit drei Jahren lag sein Kutter vertäut im alten Geestevorhafen. Bis dahin war der Alte noch regelmäßig zum Fischen gefahren.

Die Leute wußten, daß Gramkau alles mühsam von seiner kleinen Rente bezahlte: die Liegegebühren und den Rest alter Schulden, die er vor Jahren gemacht hatte, um seinen Kutter wieder für den Fischfang herzurichten.

„Verkoop'n doch endlich“, rieten ihm die Leute oft, wenn sie den alten Fischer mit seiner blauen Schiffermütze und dem grauen altväterlichen Backenbart im Hafen bei seinem Kutter sahen. Seine Antwort war ein Kopfschütteln.

Die Leute im Hafen hatten nur eine Erklärung: „He hoopt immer noch." Sie meinten damit, daß der alte Gramkau – achtzehn Jahre nach Ende des Krieges – immer noch hoffte, daß sein einziger, seit der Ardennenoffensive vermißter Sohn noch lebte und eines Tages mit ihm wieder hinaus zum Fischen fahren würde.

Die Dynamo-Taschenlampe in der Hand des alten Fischers warf nur einen schwachen Lichtschein. Das Wasser im Hafen stand sehr hoch. Die Boote lagen dunkel im Wasser. Quietschend zerrten sie an ihren Vertäuungen.

Das Licht der Taschenlampe ging über die Taue und tastete an der Bordwand entlang. Der weiß gestrichene Name des Kutters leuchtete auf. „Hinnerk." Der Vorname seines Sohnes.

Der Alte kletterte an Deck. Der Boden war feucht und rutschig. Der Wind war stärker geworden. Über ihm schwankte der hohe, schwere Mast des Kutters. Er tastete nach einem Halt. Er bekam den hölzernen Kasten zu fassen, der am Ruderhaus angebracht war. Ein primitiver Kasten, aber mit einem Schlitz zum Einwurf von Geldscheinen und Münzen.

1945, nach dem Krieg, hatte Gottlob Gramkau mit seinem Kutter zwischen Blexen und der Geeste einen Fährbetrieb gemacht. Auf der anderen Seite der Weser standen Landser und Flüchtlinge, die nach Hause auf diese Seite wollten. Hier warteten andere, die drüben zu Hause waren. Alle Deutschen schienen unterwegs zu sein, und drei Jahre fuhr der Kutter „Hinnerk" hin und her. Jeder warf etwas in den Kasten an Deck. Der Fischer verlangte keine festen Preise. Jeder zahlte, soviel er konnte. Er fuhr nicht um des Geldes willen. Bei jedem Anlegen auf dem Blexener Ufer, wenn alle sich vordrängten, um diesmal mitzukommen – betete und hoffte er. Vom Boot aus glichen sie sich alle – die gleichen ausgemergelten Gesichter, die gleiche graue Uniform, die gleichen Bündel zu ihren Füßen. Sie waren alle seine Söhne.

Wenn sie dann an Bord kamen, stand er mit Herzklopfen da und sah jedem ins Gesicht. Aber das Gesicht seines Sohnes war nicht darunter . . .

Er hatte den Kasten geöffnet. Im Schein seiner Lampe lagen da die alten ungültigen Münzen und ein paar Scheine aus der Reichsmarkzeit. Er schlug den Deckel zu.

Es war eine bittere Bilanz am Ende seines Lebens: ein Kutter, der keine Gewinne mehr brachte. Eine Frau, die ein Netz knüpfte, mit dem vielleicht nie jemand fischen würde. Ein Sohn, der nicht tot war und nicht lebte . . .

Er prüfte die Taue und stieg dann auf die Mole zurück. Die Bö war nicht einmal sehr stark, aber sie setzte ihre ganze Kraft an einem schwachen Punkt an.

Sie traf den Mast des Kutters dort, wo er schon einmal gesplittert war und von Eisenbändern zusammengehalten wurde. Der Mast brach und stürzte wie ein gefällter Baum. Er hieb das Ruderhaus entzwei und zerstörte die Steueranlage. Gottlob Gramkau hörte das Krachen erst, als die Spitze des Mastes neben ihm aufschlug. Eine zweite Bö warf den Kutter gegen die im Wasser eisenhart gewordenen hölzernen Dammpfähle und schlug ihn leck. Das Leck war nicht groß, aber in der fast vollkommenen Windstille, die der Bö folgte, war das Geräusch des eindringenden Wassers zu hören.

Ein paar Hafenarbeiter, die herbeiliefen, fanden den Alten. Er stand immer noch dort vor seinem Kutter auf der Mole, wie gelähmt. Sie sprachen ihn an. Er gab keine Antwort, starrte nur auf das leck geschlagene Boot.

Dann sahen sie, daß er Tränen in den Augen hatte.

Vier Tage später verkaufte Gottlob Gramkau seinen Kutter. Seither hat den Alten im Hafen keiner mehr gesehen. Seine Frau wird das Netz fertig knüpfen; ein starkes, gutes Netz.

Aber niemand wird je damit fischen.

Eine einfache Bö, eine Laune der *Vincinette,* hatte die letzte Hoffnung eines alten Fischers vernichtet.

... und eine alte Chronik

Ein anderer Mensch stieß in der Nacht des beginnenden Sturms auf Dinge in der Vergangenheit, die ihn aufhorchen ließen. Sein Haus stand am einsamen Westende der Insel Juist; bei den Haiddünen im Stadtteil Loog.

Der Pastor von Juist, Bernhard Schmaltz, war zeit seines Lebens ein Mann gewesen, der die Einsamkeit liebte.

Der Pastor war an diesem Donnerstag allein in seinem Haus. Seine Frau war auf das Festland gefahren. Das Haus war leer und ruhig, bis auf das Geräusch der schweren Brandung vom Nordstrand. Seit den frühen Abendstunden war der Wind stärker geworden, und bis zum Strand waren es kaum fünfhundert Meter.

Vor dreißig Jahren war er als junger Mann aus Mecklenburg auf die Insel gekommen. Dreißig Jahre lang – so lange, wie keiner vor ihm – hatte er in der Kirche in der Nähe des Kurplatzes das Wort Gottes gepredigt, Kinder getauft, Ehen geschlossen und Tote begraben – ein stiller, ruhiger, in sich verschlossener Mann.

Hier waren seine vier Kinder groß geworden. Sie hatten alle die Insel ver-

Hier kam der Tod nach Wilhelmsburg
(links der Spreehafen).

lassen. Er war hiergeblieben, in der Einsamkeit, die er liebte. Seit zwei Jahren war er pensioniert.

Er suchte an diesem Donnerstag in seinem Schreibtisch nach einem Werkzeug, als ihm die alte Chronik wieder in die Hand fiel. Er hatte das Buch oft schon in die Hand genommen – und wieder weggelegt.

Es war eine Chronik der Insel Juist. Sein Vorgänger hatte sie begonnen. Er hatte sie ihm vor dreißig Jahren übergeben mit der Bitte, sie fortzuführen.

Aber nicht viele Seiten waren in seiner Handschrift. Immer wieder hatte Pastor Schmaltz es hinausgeschoben. Schreibarbeit hatte er nie gemocht. Lieber war er in seine Werkstatt gegangen. Die meisten Möbel im Haus hatte er selber geschreinert. Die Seitenteile des Schreibtisches waren von ihm geschnitzt, die Lampe auf dem Tisch. In der Kirche von Juist stand auf dem Altar ein 50 Zentimeter hohes Messingkreuz von ihm.

Er legte die Chronik jetzt auf den Tisch in den Schein der Lampe. Er setzte sich an seinen Schreibtisch. Das feine Donnern der Brandung klang ganz weit und leise.

Er schlug die Chronik auf. Die steile, wie gestochene Schrift seines Vorgängers bedeckte das Blatt. Pastor Schmaltz putzte die einfache Brille mit den kreisrunden Gläsern und dem gelöteten Bügel. Er begann zu lesen.

Die Chronik begann mit dem Jahr 1170.

Damals war die Insel Juist entstanden – durch eine große Flut. In einer Nacht wie dieser . . .

Er las. Draußen heulte der Wind. So saß er dort, nachdenklich auf den Sturm lauschend, auf das Ticken der Uhr, und las von den zwei Pfarrern auf Juist, die beide bei Sturmfluten umgekommen waren:

Johann Nadäus, achter Pastor der Juister Kirchengeschichte, war an einem Sonntag des Jahres 1695 nach der Predigt zum Bantsand gegangen, um nach dem Heu zu sehen, denn er war neben seinem Priesteramt auch noch Bauer. Die Flut überraschte ihn, er war nicht mehr rechtzeitig zur Insel gekommen. Man fand ihn am Tag darauf – ertrunken.

Ein halbes Jahrhundert später, bei der großen Flut von 1750, ereignete sich der zweite Fall. Der Pastor war auf dem Festland gewesen. Es stürmte schon den ganzen Tag; er wollte zurück, zu seiner Gemeinde. Schließlich hatte er einen Schiffer gefunden, der ihn auf die Insel bringen sollte. Der Schiffer hatte ihn in der Nacht abgesetzt – nicht auf der Insel, sondern auf einer vorgelagerten Sandbank. Er war bei der aufkommenden Flut ertrungen.

Der pensionierte Pastor von Juist las an diesem Abend bis spät in die Nacht hinein.

Morgen noch würde er beginnen und die Chronik fortsetzen. Ob er ahnte, daß ihm nicht mehr genug Zeit blieb? Kaum mehr als vierundzwanzig Stunden.

Denn er sollte der dritte Diener Gottes auf der Insel Juist sein, der in einer Sturmnacht sein Leben ließ ...

Die mattgelbe Scheibe des Mondes hing sehr tief, fast ins Wasser getaucht. Die Wellen erreichten bereits eine Höhe von fünf Metern, und die „Meerkatze" klomm steil auf die zitternden Hügel, nickte vornüber und richtete sich auf. Ihr Kurs führte sie genau in das Zentrum des Sturms.

Kurz nach 20 Uhr hatten sie das kleine norwegische Wetterschiff „Eger" passiert, das auf 56,5 Grad Nord und 3 Grad Ost lag; auf der Höhe von Edinburgh.

Teetzen, der sich nicht von seinem Funkgerät wegrührte, nahm die Kopfhörer ab. Er reichte Emmrich, dem Meteorologen, ein Bündel mit Wettermeldungen. „Kein SOS", sagte er. „Die Schiffe scheinen alle rechtzeitig Schutz gesucht zu haben."

„Und die Fischer?"

„Bisher nur zerrissene Netze."

Emmrich beobachtete seine Instrumente. Um 21 Uhr hatte er seine nächste Meldung durchzugeben. Die letzte. Dann hatte die „Meerkatze" sich erst wieder morgens um sechs Uhr zu melden.

Emmrich überflog die Meldungen. Er war wie elektrisiert. Überall fiel der Druck. Er übertrug die Werte auf seine Karte.

Druckfall bedeutete, daß es für den Sturm bergab ging. Es bedeutete, daß sich seine Geschwindigkeit vergrößerte. Es bedeutete, daß er wie eine Lawine den Berg herunter auf sie zukam.

Emmrich zeichnete angestrengt.

Mit jeder Isobare, die er zeichnete, wurde die Situation bedrohlicher ...

Zur gleichen Zeit – um 20 Uhr 15 – stand Dr. Mertins, der Meteorologe des Seewetteramtes Hamburg, vor der Entscheidung, ob er seine bisherigen Warnungen erhöhen sollte. Die große Karte lag vor ihm, und Frau Bohn, die Schreibkraft, wartete mit Block und Bleistift. Die Entscheidung schien klar – dennoch zögerte er.

Es war schlimm, zu viel zu warnen. Aber noch schlimmer war es, zu wenig zu warnen!

Er überprüfte noch einmal alle Angaben in dem Gefühl, auf einem schmalen Grat zu wandeln. Hatte er etwas übersehen? War dieser Sturm vielleicht einer von jenen, die sie die Halbstarken nannten? Die so großartig auftreten und dann wieder zusammenklappen?

Er holte die Karten der Vortage. Frau Bohn saß wartend da, den Block auf den Knien. Draußen zog ein Schiff vorbei, hell erleuchtet. Im Nebenraum klingelte ein Telefon.

Dr. Mertins verglich die Karten. Er verfolgte den zielstrebigen Weg des Sturms durch die Dänemark-Straße. Das große Atemholen bei Island. Es gab keinen Zweifel, daß der junge Sturm seine gesammelte Energie austoben mußte, ehe er sterben konnte.

„Schreiben Sie", sagte er. „Warnung für alle Gebiete der Nordsee. Zunehmend neun . . ." Windstärke 9 bedeutete Sturm.

Um 21 Uhr ging Dr. Mertins' Meldung über die Sendetürme von Norddeich-Radio.

Auf der Insel Juist saß der Pastor noch immer an seinem Schreibtisch und las in der Chronik.

Im alten Geestevorhafen führten die Hafenarbeiter den alten Fischer von seinem zertrümmerten Boot weg.

In der Sabena-Maschine hielt Seffe Piontek noch immer die Hand seiner Frau.

Am Strand der Westermarsch hatte Dirk Babian sein erstes Gut geborgen: eine Kiste mit Aalen . . .

Vincinette war zwei Tage alt. Seit zehn Stunden war sie getauft. Nicht lange, und sie würde auf Mord ausgehen . . .

Der eisige Regen schlug mit der Gewalt einer Peitsche in sein Gesicht. Den Ellenbogen schützend hochgehoben, tastete sich der junge Meteorologe Schritt für Schritt am Kartenhaus entlang.

Der Wind schnitt durch seine Kleidung, als sei sie aus Papier. Der Sturm heulte mit einer fast menschlichen Stimme. Zitternd und ächzend stampfte die „Meerkatze" auf der Höhe von Aberdeen in der acht Meter hohen Nord-West-Dünung. Fast ohne Fahrt, den Bug in den Wind gedreht, erwartete das Fischereischutzboot die schweren Brecher.

Das Meer war weithin weiß. Die Luft war weiß. Die Macht des Sturmes machte Wasser und Luft zu einem neuen Element aus weißem Gischt und Schaum.

Die Sturmwellen türmten sich wie hohe Geysire auf. Orkanböen bliesen die Spitzen weg und zerstäubten sie in große Streifen Schaum.

Curt Emmrich, der junge Bordmeteorologe, war atemlos, als er mit zitternden Händen die Türe zum Funkraum hinter sich zuzerrte. Der schwarze Regenmantel glänzte vor Nässe.

Der alte Teetzen saß vor seinem Funkgerät, die Kopfhörer vor sich auf den Knien. Um sechs Uhr hatte die „Meerkatze" ihren Bericht nach Hamburg durchzugeben. Emmrich hatte sich an seinen Arbeitstisch gesetzt. „Hoffentlich bringen wir unsere Warnung durch."

Teetzen nahm die Thermoskanne, die neben seinem Stuhl stand. In dem kleinen Raum roch es plötzlich nach starkem Kaffee. Der alte Funker goß den Becher nur halb voll.

„Hier ..." Das Schiff rollte über, und einen Augenblick verfehlten sich ihre Hände; die breiten, wuchtigen Fäuste des alten Funkers und die schmalen Hände des jungen Meteorologen.

„Wir haben Stürme abgebrummt, bei den Lofoten", sagte Teetzen, „da hatten wir Wellen von fünfzehn Metern Höhe."

Der Junge hält sich gut – der Gedanke stand auf seinem verwitterten, offenen Gesicht geschrieben. Emmrich trank den heißen Kaffee in kleinen Schlucken. Danach begann er zu arbeiten, methodisch und rasch.

Vincinette war jetzt zwei Tage alt. Seit vierundzwanzig Stunden war sie getauft. Aus der kleinen Tochter, die vor zwei Tagen fast unbeachtet als winziger Wirbel an der Südspitze Grönlands geboren wurde, war ein Wesen mit gigantischer Kraft geworden.

Obgleich Emmrich das ganze Ausmaß ihrer Gewalt nicht übersehen konnte, wußte er, daß nun jede einzelne seiner Meldungen wichtig war. Es ging jetzt um Leben, Menschenleben. Emmrich zeichnete angestrengt. Immer wieder überprüfte er die Instrumente. Teetzen wartete.

Fünf Minuten vor sechs schaltete er sein Gerät ein. Punkt sechs funkte er ...

Ein Morgen wie jeder andere

In Hamburg sah der Meteorologe Dr. Mertins dem Wetter-Techniker über die Schulter zu, als dieser die Meldung der „Meerkatze" auf der großen Sechs-Uhr-Karte eintrug; es war eine der ersten. Bis die Karte fertig war zum Auswerten, würden es Hunderte von Eintragungen sein.

Dr. Mertins war müde und ihn fror, nach dreizehn Stunden Nachtdienst im Seewetteramt. Er war hundemüde und glücklich, bald die Verantwortung in andere Hände legen zu können.

Er ging zu seinem Schreibtisch neben dem großen Fenster. Es war nicht mehr Nacht, aber auch noch nicht Tag. Einzelne Sterne schienen. Langsam verloren sie ihre Leuchtkraft. Ein bleicher Streifen Licht lag hinter den Eisenkonstruktionen der Werften auf dem jenseitigen Ufer der Elbe. Die stählernen Gerüste wirkten wie eine Dekoration ...

Über das rauhe Wasser der Elbe glitten die ersten Barkassen. Dr. Mertins nahm sein kleines Taschenfernrohr, sah die Hafen- und Werftarbeiter an Deck der Barkassen, dicht gedrängt standen sie dort, fröstelnd, die Arme auf der Brust verschränkt, die kleinen Taschen mit ihrem Essen unter den Arm geklemmt . . . Ein Morgen wie jeder andere.

Er schob das Fernrohr ineinander, riß das alte Kalenderblatt ab. Das neue Datum – Freitag, 16. Februar 1962.

Einen Augenblick lang beherrschte ihn ein seltsamer Gedanke. Warum geschahen die schlimmsten Katastrophen immer an Wochenenden und an Feiertagen? Er wußte keine Antwort. Und doch geschah es, immer wieder, wie nach einem geheimnisvollen Gesetz.

Dieser Sturm machte ihm Sorgen.

Die ganze Nacht hatte er ihn nicht aus den Augen gelassen. Aber seine Sorge ging über das hinaus, was er als Wissenschaftler von dem Sturm wußte.

Vincinette war für ihn nichts Abstraktes. Weniger ein Naturphänomen, eher ein Lebewesen. Er sah sie vor sich, wie sie auf einer Breite von Hunderten von Meilen über das Wasser dahinfegte. Vor sich die Front der Wirbel und in ihrem Rücken der riesige Sturmsack mit eiskalter Polarluft, mit dichtem Schneegestöber und einer Gewitterfront . . .

Der Sturm kam unaufhaltsam.

Bisher war alles nur Vorgeplänkel gewesen. Noch hatte *Vincinette* nicht gezeigt, was in ihr steckte. Die großen und schrecklichen Taten standen noch bevor . . .

Ein Regenschauer wischte über die Scheiben. Auf dem Fluß zog ein Schiff stromabwärts, dem Meer zu. Es lag tief im Wasser. An Deck standen grüngestrichene Traktoren.

Es gelang Dr. Mertins nicht, die düsteren Gedanken abzuschütteln. Er wandte sich um und ging zu dem roten Getränke-Automaten und warf die Münzen ein. Er wartete auf das helle Geräusch, mit dem das Wechselgeld herausfiel, und dann auf das dumpfe, polternde der Flasche. Er nahm sie heraus. Kühl und glatt lag sie in seiner Hand. Der Automat steht in einem Gang hinter dem Arbeitsraum. Am Ende des Ganges führt eine schwere, metallbeschlagene Tür hinüber in das Hydrographische Institut; zu den Männern, die verantwortlich sind für die Angaben über Ebbe und Flut, über das Wasser . . .

Wasser . . . Dr. Mertins sah das Wasser mit einer leisen Beklemmung. Er war lange zur See gefahren. Er kannte die wildgewordene See, getrieben von der riesigen Kraft des Sturmes. Er wußte, wie der Sturm die hochge-

Endlich werden sie geholt.

peitschte See mit ihren haushohen Wellen gegen die Küsten drückte, in die trichterförmigen Mündungen der Flüsse ...

Er starrte auf die Türe. Das Metall glänzte im Licht. Schwer und wuchtig schloß sie den Gang zum Hydrographischen Institut ab, wie ein Symbol für das strenge Gesetz, das es ihm, dem Meteorologen, verbot, sich um etwas anderes als Wind, Schnee, Regen und Frost zu kümmern ...

Kurz nach sieben Uhr übergab Mertins seinen Dienst an Dr. Müller. Das Licht der Lampen im Raum wurde bereits schwächer. Draußen zog ein fahler Morgen auf ... Sie gingen die letzten Karten durch, die Warnungen, die Mertins in der Nacht herausgegeben hatte.

„Sie sind ja gut hingekommen, mit Ihrer Windstärke neun", sagte Dr. Müller. „Das reicht noch eine ganze Weile ..."

„Sie werden die Warnungen bald erhöhen müssen", meinte Mertins.

Er bemerkte in Dr. Müllers Gesicht ein zweifelndes Lächeln. Dr. Hans Müller, ein Mann von neunundfünfzig Jahren, war seit dreißig Jahren Meteorologe. Es gab wenig, was ihn beeindruckte. Er war kühl, gelassen, überlegen. Er war bekannt dafür, daß er das Risiko auf sich nahm, eine Warnung zu unterlassen oder abzuschwächen, selbst wenn die Situation noch so kritisch aussah.

Dr. Müller beugte sich über die Karte. Das zweifelnde Lächeln blieb auf seinem Gesicht. „Sie werden müde sein", sagte er, „gehen Sie nur und schlafen Sie sich aus."

Mertins wußte, was man von den Meteorologen sagte: Sie machen aus einem Sturm das, was sie selber sind. Der Ruhige, Optimistische schwächt ihn ab. Der Aufbrausende bauscht ihn auf ... Und er wußte, daß ältere Kollegen wie Dr. Müller „seine Stürme" für allzu temperamentvoll hielten ...

Trotzdem sagte er: „Das kommt! Unweigerlich! Das ist ein ausgesprochenes Katastrophentief ..." Er erschrak selber, als er es ausgesprochen hatte. Er hatte es gegen seinen Willen gesagt, nur aus einem Gefühl heraus. Er steckte sein Fernrohr ein und das kleine, schwarze Notizbuch.

„Ich habe eine gute Nummer bei Petrus ...", sagte Dr. Müller. „Solange ich hier arbeite, habe ich noch keinen richtigen Orkan erlebt. Ich habe schon viele großartige Stürme vorzeitig sterben sehen. Mich erschüttert so leicht nichts."

„Diesmal werden Sie sich in den Finger schneiden", sagte Mertins.

„Schon gut", sagte Dr. Müller. Eine Tür ging. Eine neue Meldung wurde gebracht. Dr. Müller überflog sie. Sein Gesicht wurde ernst. Die Verantwortung lag nun bei ihm.

Als Mertins auf die Straße trat, war das Morgengrauen zu einem fahlen Tag geworden. Er ging vorgebeugt gegen den harten Wind. Wieder prasselte ein Schauer nieder. Grauer Dunst lag über der Stadt. Menschen hasteten an ihm vorbei zu ihrer Arbeit, mit stummen, noch schläfrigen Gesichtern.

Während er auf den Bus wartete, brach für einen Augenblick eine fahle Sonne durch die schnelljagenden Wolken. In ihrem bleichen Licht bekamen die Häuser und die Menschen auf der Straße etwas Unwirkliches, wie Statisten in einem Stück, in dem ein Regisseur sie hin und her schob, ohne daß sie den Sinn und den Ausgang des Stückes kannten.

Gab es keine Erklärung dafür, warum die schlimmsten Katastrophen immer an Wochenenden geschahen? Geschahen sie, weil die Menschen dann sorgloser waren? Er schüttelte den Gedanken ab. Du bist einfach müde, dachte er. Aber er wußte, daß er nicht schlafen würde.

Das Lied der Clementine

Keine vier Stunden waren vergangen, als Dr. Müller vom Hamburger Seewetteramt die erste Orkanwarnung seines Lebens gab. Die Würfel waren gefallen. *Vincinette* würde leben. Der Krieg war erklärt.

Es war ein alter Krieg. So alt wie die Menschheit. Es war der Krieg des menschlichen Geistes, der Erfahrung und der Technik gegen die Urgewalt der Natur. Und es war – noch immer – ein offener Kampf.

Wie in Hamburg, so wachten in dieser Stunde Meteorologen in mehr als zwanzig europäischen Küsten- und Hafenstädten. Hundert Wissenschaftler saßen in dieser Stunde über die Karten gebeugt, die *Vincinette* zeigten, und ließen sie nicht aus den Augen ...

Es wachten die Leuchtturmwächter, es wachten die Männer auf den rotgestrichenen Feuerschiffen. An vielen Orten waren sie auf Posten, um die Aktionen des Sturmes vorauszuberechnen. *Vincinette* hatte ihr Publikum. Es war, als hätte sie nur auf diesen Augenblick gewartet, für ihren großen Auftritt ...

Bevor viele Menschen überhaupt von ihrer Existenz wußten, hatte sie schon dreizehn Menschen auf dem Gewissen.

Kurz vor zwei Uhr an diesem Freitag endete für den vierzehnjährigen Schüler Burghard Schroff die letzte Schulstunde seines Lebens. Auf dem Stundenplan der 7. Klasse der Mittelschule in Einfeld – an der Bundesstraße 4 zwischen Neumünster und Kiel – stand Singen. Der Rektor der Schule, Herr Nickelsen, leitete die Stunde.

Es stürmte unaufhaltsam, seit dem frühen Morgen. Düstere Wolken trieben am Schulhaus vorbei. Dann wieder brach für Augenblicke die Sonne durch, und die Schatten der niedrigen Wolken wanderten über die Bänke der Klasse. Die Vierzehn- und Fünfzehnjährigen der 7. Klasse achteten kaum darauf. Ihre Stimmen übertönten den Sturm.

Die Jungen und Mädchen der 7. Klasse mochten diese Stunde. Rektor Nickelsen ließ sie Lieder singen, die ihnen gefielen. An der Wandtafel standen heute Noten und Text einer alten englischen Ballade. Der Geschichte von Clementine.

O mein Liebling, o mein Liebling,
O mein Liebling, Clementine!
Du bist futsch und futsch für immer,
Schrecklich traurig, Clementine . . .

Die halbe Klasse hatte Stimmbruch, aber sie sangen laut und ungeniert. Sie trafen den Ton des Liedes gut – halb traurig, halb ironisch, die Ballade von Clementine, der Tochter eines Bergmannes, die ertrank, als sie die Enten zum Wasser führte. Von dem Vater, der darauf vor Kummer starb. Und dem Liebsten, dem sie noch im Traum erscheint, der aber meint, man müsse sich damit abfinden . . .

Später – nachdem das Schreckliche geschehen war – hat Rektor Nickelsen sich oft gefragt, ob an dieser Stunde etwas anders war als sonst.

Er suchte nach Anzeichen. Er fand keine. Burghard Schroff saß vor ihm in einer der vordersten Reihen. Nichts auf seinem Gesicht deutete auf sein Schicksal hin. Wie immer hatte es einen ruhigen, ausgeglichenen Ausdruck. Er war ein richtiger Junge, ausgelassen, immer zu irgendwelchen Streichen bereit. Er war einer von den Schülern, von denen man den Eltern sagt: „Der geht seinen Weg, machen Sie sich um ihn keine Sorgen."

Die Klasse mochte Burghard. Sie hatten ihn zu ihrem Sprecher gemacht. Vor zwei Tagen, bei dem großen Elternabend in der Fest- und Turnhalle hatte er auf der Bühne gestanden und Scharaden gespielt.

Vierhundert Personen waren gekommen. Die Festhalle war bis auf den letzten Platz besetzt gewesen. Burghard Schroff hatte in Frack und Zylinder auf der Bühne gestanden. Viele Jungen hatte ihre Fotoapparate und Blitzlichter dabei. Von jedem hatten sie Aufnahmen gemacht. Nicht von Burghard Schroff!

Die anderen kannten ihn und fürchteten, daß er durch die Blitzlichter aus dem Konzept kommen könnte. Auch das war Burghard Schroff...

Punkt 13 Uhr 50 läutete die Schulglocke. Die Jungen und Mädchen packten eilig ihre Bücher zusammen. Einige sangen noch immer das Lied, als sie nach draußen auf den Gang strömten ... Burghard Schroff war der erste. Er hatte nur zweihundert Meter bis nach Hause.

Als die Jungen und Mädchen aus dem Hauptportal der Schule ins Freie stürzten, warf sie der harte, schneidende Wind fast um. Im gleichen Augenblick ging ein Hagelschauer nieder. Im Nu war der grüne Wiesenstreifen vor der Schule bis zum Friedhofknick hin bedeckt von dem weißen, körnigen Schnee.

Es machte sie noch ausgelassener. Sie duckten sich im Wind, versuchten die Hagelkörner aufzufangen. Sie sangen noch immer:

O mein Liebling, o mein Liebling,
O mein Liebling, Clementine!
Du bist futsch und futsch für immer,
Schrecklich traurig, Clementine...

In der großen Turn- und Festhalle neben der Schule beaufsichtigte in diesem Augenblick der Turnlehrer Oppe das Wegräumen der Geräte.

Plötzlich hörte er hinter sich ein eigenartiges, rumpelndes Geräusch. Deutlich erinnerte er sich, daß er zuerst glaubte, die Jungen führen wieder mit dem schweren Barren spazieren.

Turnlehrer Oppe war auf dem Weg zum Barren, als es in der düsteren Halle plötzlich hell wurde. Oppe blieb erschrocken stehen. Das Geräusch wurde stärker. Holz splitterte. Die Halle wurde immer heller. Oppe stand still, kreidebleich, regungslos, und starrte auf den Himmel über sich. Dann erst erfaßte er, daß das schwere Dach der Halle sich aus seiner Verankerung gelöst hatte und frei in der Luft schwebte...

Rektor Nickelsen hatte es vom Fenster des Klassenzimmers aus gesehen: Das große, fast 200 Quadratmeter große Dach schien kein Gewicht zu haben. Schaukelnd lag es in der Luft, fast schwerelos. Es hob sich, schwebte tanzend über den Mauern, federleicht. Fetzen von Glaswolle, die umhertanzten, verstärkten noch den Eindruck des Leichten, Schwebenden...

Der Wind wirbelte das Dach herum, fast senkrecht stand es eine Sekunde lang in der Luft wie ein großes gesetztes Segel. Dann kippte es um und senkte sich. Und schwebte auf die Kinder zu, auf dem schmalen Weg vor der Schule...

Westerland/Sylt:
Das Haus wurde von den schweren Brechern völlig zerschlagen.

War es nur ein Zufall, daß Maria Schleuß, die Fürsorgerin der Gemeinde Einfeld, in diesem Augenblick an der Schule vorbeikam? Keiner kann eine Antwort darauf geben.

Fast jeder in Einfeld kannte die achtundvierzigjährige Frau. Wie man von Burghard Schroff sagte: „Der geht seinen Weg", so sagten die Menschen von ihr: „Es ist unwahrscheinlich, woher sie die Kraft nimmt, so viel Gutes zu tun."

Nur die wenigsten wußten, daß es oft über ihre Kraft ging. Man kannte nur ihre guten Taten – von ihr selber wußte man fast nichts. Sie lebte nur für die anderen – für Kranke, Alte, in Not Geratene.

Ihr selber hatte das Leben nicht viel gegeben und nichts von dem, was sie wünschte. Heimlich wünschte. Ihr Zuhause waren die Wohnungen anderer. Ihre Kinder waren die Kinder Fremder.

Oft, wenn sie allein war, in Urlaub mit einer guten Freundin, gestand sie, daß es ihr manchmal zuviel wurde, nur an andere zu denken und sich selber zu vergessen. Es war ein Wunder, daß sie nicht bitter geworden war durch all das Elend und die Not ... Aber manchmal war sie schon müde.

An diesem Freitag hatte sie auf eine Mittagspause verzichtet. In der Böckler Allee hatte sie nach dem Kind gesehen, das ein junges Ehepaar adoptiert hatte. Die Frau hatte ihr eine Tasse Tee angeboten: „Warten Sie doch den Sturm ab."

Aber Maria Schleuß war gegangen. Ihr Dienst in der Gemeinde begann. Sie war nicht jemand, der Menschen warten ließ. Sie hatte die Schule erreicht, als sie das Entsetzliche sah.

Eine Sekunde war sie wie gelähmt stehengeblieben. Dort, wo sie stand, so sagen die Augenzeugen, wäre sie sicher gewesen. Aber sie zögerte nicht lange. Sie rannte zu den Kindern hin, um sie zu warnen. Sie lief direkt in den Tod.

Es grenzte an ein Wunder, daß nur sie und Burghard Schroff getötet wurden, als das schwere Dach auf die Wiese schlug. Der Sturm übertönte die Entsetzensschreie.

Dann änderte der Wind plötzlich launisch seine Richtung. Der Himmel wurde klar. Das Dach lag auf der Wiese, fast unversehrt, wie ein Segel oder wie ein Leichentuch ...

Rektor Nickelsen war nach draußen gelaufen. Turnlehrer Oppe war da. Menschen rannten herbei, blind vor Entsetzen. Die vierzehn- und fünfzehnjährigen Jungen und Mädchen versuchten, das Dach hochzuheben. Fast vierzig Kinder zerrten an dem Dach. Sie rissen sich die Hände wund. Einigen liefen die Tränen über das Gesicht. Das Dach bewegte sich nicht. Zuerst fanden sie die Gemeindeschwester. Ein fünfzehnjähriger Junge zog sie unter dem Dach hervor. Die Kinder wichen scheu zurück vor dem Tod.

Burghard Schroff fand man erst, als eine Planierraupe das Dach wegschob ...

Sie trugen beide in die Schule. Der Arzt konnte nur ihren Tod feststellen. Sie bahrten sie in der Klasse auf, unter der Tafel, an der noch der Refrain des Liedes stand:

O mein Liebling, o mein Liebling,
O mein Liebling, Clementine ...

Ein Amoklauf

Das Töten war *Vincinette* in diesem Augenblick schon zur Gewohnheit geworden.

Bereits am Morgen dieses Freitags hatte sie ihre ersten beiden Opfer gesucht. In Kiel, auf der Howaldt-Werft. Sie tötete grausam kalt, als wäre sie das Werkzeug eines anderen Willens ...

Der riesige rostbraune Schiffskörper der „Wladiwostok" – Walfangschiff und Fischfabrik – lag am Ausrüstungspier des nördlichen Hafenbekkens. Fast 25 Meter hoch ragte der Neubau aus dem Wasser. Hunderte von Arbeitern befanden sich an Bord. Der Rumpf dröhnte von dem Gehämmer ihrer Werkzeuge. Überall flammte das bläuliche Licht der Schweißbrenner auf.

Die Betriebsuhren der Werft standen auf 8 Uhr 35, als es geschah. In dieser Minute schickte *Vincinette* über die Werft eine Orkanbö. Für *Vincinette* war es nur eine Eskapade.

Der riesige Leib des Schiffes zitterte unter der Gewalt der Bö. Dann schwang der Schiffsleib nach Backbord. Noch einmal pendelte er zurück, aber *Vincinette* gab nicht nach. Eine zweite Bö drückte das Schiff gegen die Kaimauer ...

Jetzt hatte sie es geschafft. Das Licht erlosch. Stellagen und Geräte kamen ins Rutschen. Überall stürzten Arbeiter. Schweißbrenner zischten ins Leere, Brände brachen aus. Durch die offenen Luken drang gurgelnd das Wasser.

Für den sechsundfünfzigjährigen Maschinenschlosser Ernst Hansen kam jede Hilfe zu spät.

Hansen hatte im Maschinenraum gearbeitet, bei den Kesseln. Der Stoß hatte ihn zur Seite geschleudert. Er muß einen Augenblick das Bewußtsein verloren haben. Nachher stand das Wasser bereits zu hoch.

Aber er muß noch gelebt haben. Er muß noch Zeit gehabt haben, um sein Leben zu kämpfen, Zeit, an seine Frau zu denken, die zu Hause mit Kinderlähmung ans Bett gefesselt war. Niemand weiß, wie lange er es aushielt.

Sie bargen ihn tot, von der Kälte wie erstarrt.

Der achtundvierzigjährige Schlosser Werner Horn befand sich um 8 Uhr 35 an Deck. Als das Schiff sich schräg legte, war er von seinem Gestell gestürzt worden und ein Montageteil hatte ihn an der Reling eingeklemmt. Er schrie, irrsinnig vor Schmerzen.

Als sie ihn fanden, war er halb ohnmächtig. Sie mußten Schweißbrenner holen, um ihn freizubekommen. Sie arbeiteten fieberhaft; sie hatten immer sein Gesicht vor sich, bläulich im Licht der Brenner und schmerzverzerrt.

Auf dem Werftgelände heulten die Sirenen der Sanitätswagen, die immer neue Verletzte wegbrachten ...

Nach einer halben Stunde hatten sie Werner Horn befreit. Zu spät. Seine Frau und die beiden Kinder sahen ihn noch im Krankenhaus. Aber er erkannte sie nicht mehr.

Es geschieht selten, daß ein Sturm seine ersten Opfer an Land sucht. Meist findet er die ersten auf See.

Aber *Vincinette* hatte den Schiffen und ihren Besatzungen bisher nichts anhaben können.

Wenige Minuten vor 9 Uhr gelang es ihr in der Elbmündung, die schwere, lange Ankerkette des Feuerschiffes Elbe III zu zerreißen. Hilflos trieb das Schiff in der See. Aber vier Schlepper waren schnell zur Stelle und brachten Elbe III nach Cuxhaven.

Um 13 Uhr 10 brach der Sturm die Ankerkette des Feuerschiffes P 8 auf seiner Station 25 Seemeilen nordnordwest vom Leuchtturm von Helgoland. Aber es gelang dem Kapitän, das Schiff gegen die Wellen und den Wind so lange zu halten, bis es schließlich ohne fremde Hilfe Wilhelmshaven anlaufen konnte.

Gegen 16 Uhr rissen die Haltetaue des Motorschiffes „Falke“, das an der Dagehuler Mole lag. Nach einem viele Stunden dauernden Kampf wurde es dann endgültig auf den Deich geworfen.

Um 13 Uhr sandte die „Eger“, das kleine norwegische Wetterschiff, das etwa 100 Meilen südlich der „Meerkatze“ lag, ihre letzte Meldung – wie sich später herausstellte, war zwar die Ruderanlage zerbrochen, doch die

Besatzung war wohlauf. Norddeich-Radio fing zahlreiche SOS-Rufe auf, aber keines der Schiffe hatte bisher Menschen verloren.

So hatte *Vincinette* einen Mißerfolg nach dem anderen gehabt. Als wollte sie sich dafür rächen, tobte sie sich über dem Land aus.

Wo der Sturm an diesem Freitag seine Bahnen zog, hinterließ er Verwüstungen. Wie Peitschenhiebe wirbelten seine Böen über das Land. Er entwurzelte ganze Wälder. Er wirbelte Schornsteine durch die Luft und drückte Mauern ein. Autos schleuderte er wie Spielzeug hin und her. Er knickte riesige Hochspannungsmasten und zerfetzte die Leitungen. Er attackierte Züge, stürzte Verladekräne.

Er riß in Emden den zwei Zentner schweren goldenen Schwan der lutherischen Kirche herunter und schmetterte ihn knapp neben ein paar erschreckten Passanten in den Vorgarten.

An der Zonengrenze bei Obersuhl fegte er einen Wachturm der Volkspolizei um. Im braunschweigischen Braunkohlenrevier bei Helmstedt kippte er sodann einen 300 Tonnen schweren Bagger 80 Meter tief hinunter auf die Abbausohle ...

Er hielt eine ganze Armee in Atem: Feuerwehren, Flughafen-Kontrolltürme, Polizeizentralen, Straßenmeistereien, die Bergwacht ...

Aber im Grunde waren auch dies Mißerfolge für *Vincinette.* Und doch beherrschte sie jetzt schon ganz Deutschland, vom Norden bis zum Süden. Auf dem Brocken im Harz maß man Windgeschwindigkeiten bis zu 140 Kilometer. Auf der Zugspitze über 200. *Vincinette* stand auf dem Höhepunkt ihrer Kraft. Und jeder Mißerfolg, jeder Widerstand ließ sie wütender werden.

Sie tötete. Ohne Motiv. Ohne Wahl. Herzlos. Es war wie ein wilder Amoklauf.

In Exloermond, am Dollart, riß eine Orkanbö den achtjährigen Pit Wahl von seinem Fahrrad, als der Junge am Kanal entlangfuhr. Das war um zwölf. Sie fanden ihn eine Stunde später. Ertrunken. Er hielt noch immer das Rad umklammert, das er wenige Tage vorher zum Geburtstag geschenkt bekommen hatte.

Der neunzehnjährige Rudolf Kagermaier starb zur gleichen Stunde auf der Straße München–Freising. Der junge Fernsehtechniker hatte den Auftrag, in Freising einen Fernsehapparat zu installieren. Er hatte – wie die Landpolizei feststellte – einen guten Wagen. Die Bereifung des VW-Combi war tadellos. Kagermaier fuhr auch nicht zu schnell. Kurz hinter der Ortschaft Grüneck erfaßte die Orkanbö den Wagen und schleuderte ihn gegen einen Baum. Rudolf Kagermaier war auf der Stelle tot.

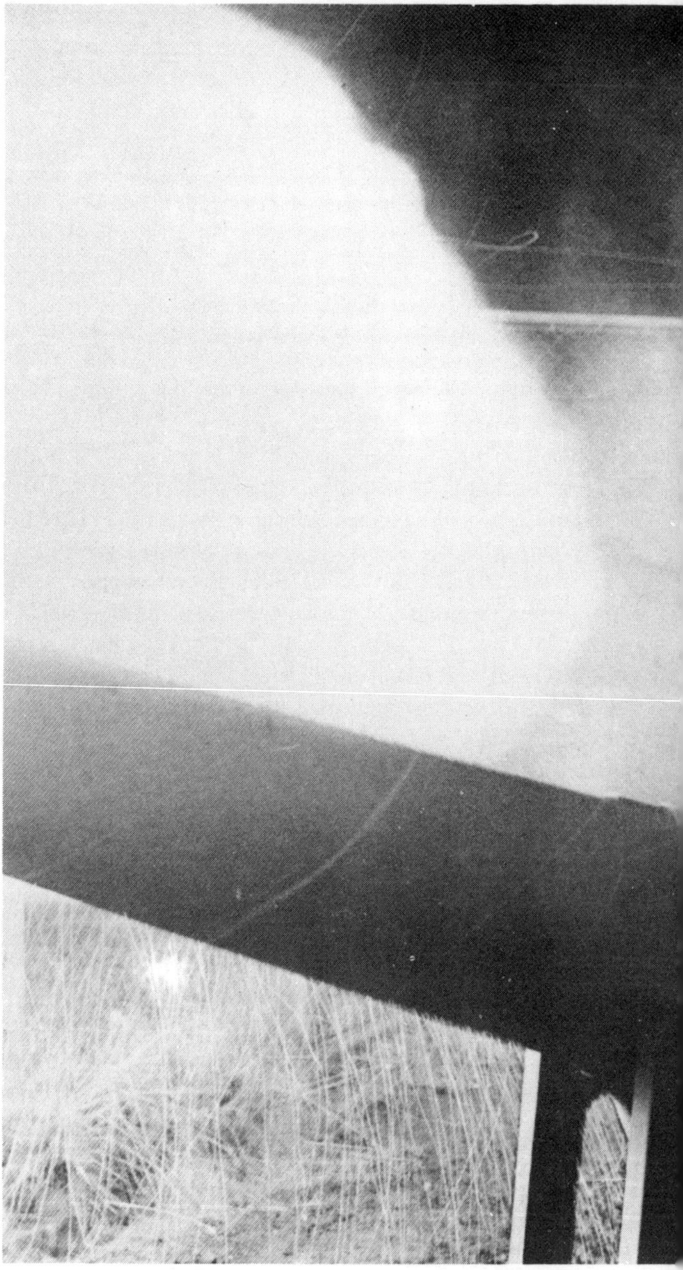

Stade: nur zweimal konnte Hafenmeister Gleiss die Sturmkanonen abfeuern, dann wurden sie von den Wassermassen überspült und fortgerissen.

Noch vier weitere Kraftfahrer schleuderte *Vincinette* gegen Bäume und tötete sie: den zweiundfünfzigjährigen August Bahrmann aus Götzdorf im Kreis Stade. Das Ehepaar Karl und Anna Kirchner aus Schmiedberg bei Halle an der Saale. Den Melker Günter Erber aus Schwerin ...

In Türkenfeld bei Fürstenfeldbruck starb der neunundzwanzigjährige Michael Weltsch. Er wurde von einem entwurzelten Baum erschlagen, als er dabei war, die Straße von herabgefallenen Ästen und Zweigen zu säubern ...

In Velden im Bayerischen Wald wurde die vierundsechzigjährige Leopoldine Kaupper beim Holzsammeln erschlagen.

Das dreizehnte und letzte Opfer von *Vincinette* an diesem Unglücks-Freitag war der Bauer und Gastwirt Johann Huber aus Westerndorf im bayerischen Landkreis Rosenheim. Hof und Gastwirtschaft lagen unmittelbar neben dem Kirchturm mit der barocken Haube. Die Uhr schlug halb fünf. In der Gaststube saßen nur ein paar Nachbarn. Johann Huber bediente sie. Sie alle waren Bauern und redeten vom Sturm, als vom Hof her ein furchtbares Poltern kam.

Johann Huber stand auf, um nachzusehen. Der Sturm riß ihm fast die Haustür aus der Hand. Das Wirtshausschild „Flötzinger Bräu 1543" schlug über ihm wild an die Hauswand. Dann sah Johann Huber, daß das riesige Tor zur Scheune aufgesprungen war. Seine breiten Flügel krachten unaufhörlich gegen die Mauer.

Johann Huber, der Wirt und Bauer aus Westerndorf, war trotz seiner neunundfünfzig Jahre ein kräftiger Mann. Sein Leben lang hatte er den Hof bestellt, sein Vieh versorgt, zuletzt einundzwanzig Kühe. Und noch immer trug er die schweren Bierfässer selber in den Keller. Das Scheunentor war aus schwerer Eiche. Langsam und bedächtig ging der Wirt auf das Tor zu, das immer noch hin und her schlug. Er fing die Torflügel ein. Verriegelte sie. Dann suchte er nach einem Stein, um das Tor festzuklemmen.

In der Wirtsstube hatten die Gäste längst ihr Bier ausgetrunken. Sie riefen nach dem Wirt. Aber der Wirt kam nicht. Sie warteten noch ein paar Minuten. Dann wurden sie unruhig und gingen ihn suchen.

Sie sahen sofort, was geschehen war. Der Wirt lag auf der Straße vor der Scheune. Der Sturm hatte die eichenen Torflügel wieder aufgerissen. Die scharfe Eisenkante hatte Johann Huber den Schädel zerschmettert ...

Während sie den Sterbenden ins Haus trugen, warf *Vincinette* das schwere Scheunentor hin und her wie im Triumph ...

Weltuntergang

In dieser Nachmittagsstunde geschah etwas, an das alle, die es erlebt haben, sich nur mit Schaudern erinnern. Es war noch eine Stunde bis zur Dämmerung – da verdunkelte sich der eben noch helle Himmel.

Eine mächtige schwarze Gewitterwand trieb auf die norddeutsche Küste zu. Der Wind blies plötzlich mit eisiger Kälte. Ein Schneegestöber ging über das Land. Aber vor allem war es die Finsternis, die den an Seltsamkeiten und geheimnisvolle Erscheinungen gewöhnten Menschen der Küsten Schrecken einjagte.

Um 16 Uhr 35 schoß der erste blitzende Pfeil vom Himmel. Der Donner war so heftig, daß niemand sich an etwas Ähnliches erinnern konnte.

„Es war, als ginge die Welt unter", sagen jene, die es erlebt haben. Wenn die Leute der Küste so sprechen – Krabbenfischer, erfahrene Kapitäne, Marschbauern, Schleusenwärter –, dann meinen sie es ernst.

Die Menschen überlief es kalt. Frauen bekreuzigten sich. Auf der Straße von Blexen nach Nordenham, wo gerade die letzte Fähre aus Bremerhaven angelegt hatte, warfen sich Hunderte von Menschen in panischem Schrekken auf die Erde. Sie lagen zitternd auf der dem Wind abgekehrten Seite in den Chausseegräben. So geschah es an vielen Orten der Küste.

Die Menschen spürten jäh ihre Ohnmacht vor der Gewalt der Natur und erinnerten sich in dieser Stunde plötzlich an die Schreckensnachrichten der letzten Tage und Wochen:

Grubenunglück an der Saar. 300 Tote.

Großbrände in Nürnberg und Schweinfurt.

Eine Serie von Flugzeugabstürzen und Eisenbahnkatastrophen.

Viele dachten an Sonnenflecken, ungewöhnliche Konstellationen der Planeten, Sonnenwirbelstürme.

Und hatte nicht ein indischer Astronom für den 5. Februar – den Tag einer Sonnenfinsternis – den Weltuntergang prophezeit?

Die Welt war nicht untergegangen. Aber es gab viele in dieser Stunde, die sich insgeheim fragten, ob nicht doch etwas Wahres daran sei.

Dr. Mertins, der Meteorologe, hatte für alles eine natürliche Erklärung. Er machte gerade einen Spaziergang an der Elbe, als die Finsternis Hamburg erreichte. All dies hatte er vorausgesagt. In den nüchternen Worten seiner Berufssprache hätte er es so formuliert: „Auf der Rückseite des Tiefs hat polare Kaltluft, verbunden mit Polargewitter, Deutschland erreicht . . ." Er hätte ein unangenehmes Gefühl gehabt, wenn alles ruhig gewesen wäre.

Und einen Augenblick lang war er stolz auf sein Wissen, das es ihm möglich gemacht hatte, so rechtzeitig zu warnen ...

Er stemmte sich gegen den Sturm, der um ihn herum die Bäume niederbog. Der Mond war aufgegangen und schien zwischen den dicken Quellwolken hindurch. Der Himmel flammte auf von den zuckenden Blitzen. Aus der Ferne hörte er die Sirenen der Feuerwehr ...

Mertins stand da und wartete, bis der Himmel wieder klarer wurde. Die fahle Sonne beschien das graue Wasser der Elbe. An den Sturmkegeln waren die Körbe aufgezogen. Sie zeigten Nordwest-Sturm.

Der Strom wälzte sich grau dahin. Das Wasser stand sehr hoch. Es war wie Blei, fast ohne jede Bewegung. Mertins sah es mit Schrecken. Er ahnte dumpf, was sich vorbereitete.

Vincinette suchte sich für ihre Taten einen neuen Verbündeten: die Flut.

Die unheimliche, schwarze Gewitterwand mit ihren zuckenden Blitzen war über dem Festland verschwunden. Die Dämmerung kam schnell.

Der Wind heulte und johlte über die Insel Juist, und das Rollen der Brandung klang wie Donner.

Aus den schwarzen, niedrig hängenden Wolken stürzten Regenböen über die sieben Häuser am einsamen Westende von Juist hinweg. Die Häuser standen in einer Reihe dicht hinter den Haid-Dünen. Mit ihren Lichtern sahen sie aus wie eine kleine Flotte von sieben Kuttern in einem tosenden Sturm.

Pastor Schmaltz war froh, als er endlich das Licht in seinem Haus auftauchen sah. Der dreiundsechzigjährige pensionierte Pastor von Juist blieb einen Augenblick stehen. Sein Mantel glänzte vor Nässe. Sein Atem ging schwer. Er fröstelte. Das Gehen im Sturm hatte ihn hart mitgenommen.

Eine Möwe schoß aus der Dämmerung hervor, wild mit den breiten Schwingen schlagend. Kurz kreiste sie über ihm, dann hörte er ihren Schrei, hell und spitz – in Todesangst. Er fand den Vogel ein paar Meter weiter, ein paar Schritte vor seinem Haus. Eine Bö mußte ihn gegen den Lichtmast geschleudert haben. Im Licht der schaukelnden Lampe sah der Pastor das zuckende Bündel weißer Federn, die Spur roten Blutes und ein totes Auge, das fast menschlich war in seiner Angst ...

Sein Haus war wie ausgestorben. Auf dem Schreibtisch brannte die Tischlampe mit dem verschnörkelten Fuß, und in ihrem Schein lag die Chronik seines Vorgängers, in der er gestern zu lesen begonnen hatte ...

Pastor Schmaltz stellte Teewasser auf und trat ans Fenster. Auf dem Sims lag feinkörniger Sand, den der Wind durch die Ritzen geweht hatte. Draußen donnerte die Brandung ... Was für eine Nacht!

Eine unerklärliche Unruhe hatte ihn heute zweimal ins Dorf getrieben, obwohl es fast über seine Kraft ging. Auf der Strandpromenade standen die Menschen in Gruppen zusammen, sie redeten aufgeregt von der Flut, frühere Katastrophen tauchten in der Erinnerung auf, Überschwemmungen, die ihre Väter und Großväter erlebt hatten. Sie selber hatten das Meer nie so aufgewühlt gesehen.

Einen Augenblick kam sich Pastor Schmaltz in seinem Haus vor wie auf einem anderen Planeten. Es schien ihm, als hätte er keinen festen Boden mehr unter den Füßen. Die Insel Juist war wie das Deck eines schwankenden Schiffs. Und so etwas Ähnliches war sie ja auch, eine Sanddüne ... Ob er je wieder den Strand im Sommer sehen würde? Die Sonne. Die Motorboote auf der blauen Oberfläche des Meeres. Die Kinder auf ihren Gummitieren. Hunderte von braungebrannten Leibern in Badeanzügen. Eine seltsame Abschiedsstimmung erfaßte ihn. Er hat später noch zu einer Nachbarin davon gesprochen ...

Der Pastor ging in die Küche, goß den Tee auf, trug Kanne, Tasse und Zucker an den Schreibtisch und goß den Tee über den Kandiszucker. Die kristallenen weißen Stücke zersprangen mit einem knisternden Geräusch. Jetzt erst fühlte er sich geborgen in seiner Einsamkeit.

Wieder, wie am Tag zuvor, begann er in der Chronik seines Vorgängers zu blättern. Er las ... von den großen Sturmfluten der Geschichte. Von der furchtbaren Angst der Kreatur. Vom verzweifelten Wettlauf mit dem Tod und vom entsetzlichen Sterben im eiskalten Wasser ...

Eine Chronik der Größe und – der Erbärmlichkeit der Menschen ... Und je länger er las: Hinter allem stand die große Frage des Menschen nach dem *Warum.* Früher hatten die Menschen die Frage sehr einfach beantwortet. Auf dem alten Ledereinband einer Chronik stand:

„Ein allen Menschen nöthiges, heilsames und nimmer zu vergessendes Denkmal der sonderbaren und überaus hohen Wasserfluth

Womit der Allmächtige Gott

Anno 1717, den 25. Dezember in der Heiligen Christnacht, die sündige und sichere Menschheit in vielen Ländern, allen Nachlebenden zur Warnung und Besserung, auffgewecket, heimgesuchet und gestraffet hat.“

Gottesgericht? Blindes Schicksal? Naturphänomen? Durch Jahrhunderte hatten die Menschen den großen Sturmfluten fromme Namen gegeben: Weihnachtsflut, Juliansflut. Allerheiligenflut. Marcellusflut. Dionysiosflut ... Die Fluten waren gekommen, als ob sie ein Gefühl dafür hätten, wann es an der Zeit war, die Menschen zu mahnen. Es hatte wohl seinen Grund, daß die Welt so war, mit Not, Flut, Sturm und Tod.

Ein greller Sirenenton schreckte den Pastor auf. Regungslos saß er da, während das Sirenengeheul an- und abschwoll. Er sah auf die Uhr. Kurz nach sieben. Plötzlich sprang er auf und rannte ins Freie hinaus. Das Wasser stand schon im Vorgarten, dicht vor dem Haus. Er fühlte sich unendlich müde.

Über die Zweimillionenstadt an der Elbe fegte der Nordwestwind. Auf den Gebäuden um die Binnenalster und den beiden großen Hotels flatterten stolz die Flaggen, als sei die Stadt nicht bereit, den Sturm zur Kenntnis zu nehmen.

Zur gleichen Stunde, als der Pastor der Juister Kirchengemeinde das Wasser vor seinem Haus sah, saß der Mann, der für diese Zeit eine schwere Naturkatastrophe mit Stürmen und Überschwemmungen vorausgesagt hatte, in Hamburg über seinen Berechnungen.

Das Haus Jarrestraße 37, im Hamburger Stadtteil Barmbek, gehört zu einem sechsstöckigen Häuserblock, dem man das Baujahr 1936 ansieht. Mit seiner kalten Fassade, dem schäbig-düsteren Treppenhaus und den einheitlich-nüchternen Türen wirkt es wie eine Kaserne. Nur ein Name steht an der Tür im dritten Stock: Hans Genuit.

Der Inhaber dieser Wohnung saß zu dieser Stunde in seiner Bibliothek; ein Mann von achtundfünfzig Jahren, mit grauen, seidigen Haaren, großen, hellblauen Augen, langen Wimpern und einem weichen Mund.

Fragt man ihn nach der Bedeutung seines Namens – Genuit –, so antwortet er: „Ja, meine Vorfahren stammen aus Genua, zwei von ihnen waren Mörder." Es waren zwei Brüder, sie hatten im 15. Jahrhundert in Genua einen politischen Mord verübt, waren nach Deutschland geflüchtet und nannten sich hier die „Genueser". Im Laufe der Zeit war dieser Name zu Genuit geworden.

Genuit ist Astrologe, Gründer der „Kosmobiosophischen Gesellschaft", Herausgeber der „Astrologischen Monatshefte". In seinen Regalen stehen lange Reihen von Aktenordnern. Auf den Rücken bekannte Namen aus Politik, Kunst und Wirtschaft – Männer und Frauen, die seinen Rat einholen für ihre Geschäfte, Planungen oder für die Liebe.

Er hat eine Klientel von fünfzig Personen. Mehr nimmt er nicht. Damit verdient er das Geld für das, was er seine Forschungen nennt.

Die Astro-Meteorologie – der Einfluß der Gestirne auf das Wetter – ist eines seiner Fachgebiete. Seit zehn Jahren hatte er immer wieder seine Voraussagen an Wetterämter geschickt, um zu beweisen, daß sein Fach keine Scharlatanerie ist.

Im Jahre 1951 hatte er eine Serie von schweren Erdbeben um Lissabon vorausgesagt. Sie waren eingetroffen. 1953 hatte er die Flutkatastrophe in Holland prophezeit. Sie kam und kostete 1352 Menschen das Leben. Und erst vor ein paar Monaten hatte er für Anfang Februar schwere Stürme und Überschwemmungen errechnet.

Von einer Hamburger Tageszeitung war er befragt worden, was er zu den Prophezeiungen indischer Astrologen sage, die für den 4. und 5. Februar 1962 den Weltuntergang in Aussicht stellten.

„Für mich steht fest", hatte er damals der Zeitung erklärt, „daß diese Sonnenfinsternis keine irgendwie gearteten globalen Geschehnisse bringen kann und wird. Der für den 4. Februar prophezeite Weltuntergang sogenannter Astrologen ist purer Blödsinn ... Aber Naturkatastrophen, örtlich begrenzt, sind mit absoluter Sicherheit zu erwarten. Sie werden sich in schweren Stürmen und Überschwemmungen äußern ..."

Die indischen Astrologen hatten sogar zwei von Genuits Klienten kopfscheu gemacht. Einer, der eine Art Sintflut befürchtete, hatte in seiner Jacht Hamburg verlassen und kreuzte auf der Nordsee. Ein anderer war nach Tirol geflüchtet. Und Genuit selber?

Er wartete auf die schweren Stürme und Überschwemmungen, die er errechnet hatte. Und als an diesem Spätnachmittag des 16. Februar die Gewitterfront über Hamburg hinweggezogen war, da war er sicher gewesen, daß seine Voraussage eintreffen würde.

Hans Genuit trat ans Fenster. Er sah ein paar Schatten auf der Straße – Menschen. Er hätte gern gewußt, ob sie in diesem Augenblick ahnten, was ihnen bevorstand ...

Früher hätte er in einem solchen Augenblick triumphiert. Aber das war lange her. Gewiß, sein ganzes Leben bestand darin, dem Schicksal zu begegnen. Aber er hatte längst erkannt, daß man dem Schicksal nicht in den Arm fallen konnte. Zeichen deuten, ja. Mehr nicht. Es gab Stunden, und dies war eine solche Stunde, in denen er sein Wissen um diese Dinge verfluchte ...

Er trat vom Fenster zurück. In der gläsernen Vitrine stand ein großer Radio-Super. Er schaltete UKW ein – den Polizeifunk. Der Apparat summte leise. Dann kam ein pfeifender Ton und schließlich die hellen, abgehackten Stimmen der Funkstreifen und die ruhige Stimme des Mannes aus der Zentrale.

Fast pausenlos wurden jetzt Meldungen durchgegeben. Alle Wagen schienen im Einsatz. Dachstühle brannten, Bäume waren entwurzelt. Am Hafen stand das Wasser bei der Überseebrücke bis auf die Straße.

Der Astrologe saß zwischen seinen Büchern vor dem Radio und hörte auf die Stimmen.

Brücke über die Autobahn bei Stillhorn:
Die Flut riß Straße und Böschung weg.

Alarmstufe drei

Wie eine Zitadelle überragt das langgestreckte, graue Gebäude des Seewetteramtes und des Hydrographischen Instituts den Hafen. Von hier aus – Bernhard-Nocht-Straße 78 – führen die Experten ihren Krieg gegen Sturm und Flut.

In dem großen Arbeitsraum im zweiten Stock saßen zu dieser Stunde die Sturmflutwarner der Abteilung V (Gezeiten, Astronomie, Zeitdienst) bei einer Lagebesprechung.

Die sieben Männer gaben nichts auf Gefühle, Vorahnungen, Weltuntergangs-Prognosen. Als kühle Rechner rückten sie *Vincinette* zu Leibe. Dauernde Wachsamkeit, Präzisionsinstrumente und eine lange Erfahrung hatten dem Hamburger Institut seinen Ruf verschafft.

Zwanzig Minuten nach sieben kam Dr. Georg Koopmann mit den Meldungen der Meteorologen. Alle sahen auf, als er an den Tisch trat, ein großer, hünenhafter Mann, wie ein Friese. Er hatte das hellhäutige, sommersprossige Gesicht der Rotblonden. Das Gesicht war ernst, voller Beunruhigung.

„Ich fürchte, wir müssen unsere Warnungen erhöhen ... Der Sturm hält unverwandt an ... Die letzten Meldungen sind bedrohlich ..."

Er legte die Karten und Meldungen der Meteorologen auf den Tisch. *Vincinette* – die Siegreiche – hatte Besitz vom Meer ergriffen. Sie war so gewaltig, daß sie die ganze Nordsee beherrschte. Mit Orkanstärke raste sie über das Wasser – die Meldungen der Feuerschiffe und die zahlreichen SOS-Rufe von Schiffen bestätigten es nur allzu deutlich. Mit ihrem gewaltigen Atem trieb sie ungeheure Wassermengen gegen die Küsten.

Während Dr. Koopmann Zeitpunkt und Höhe der Nachtflut berechnete, klingelten um ihn herum die Telefone. Ein Radio spielte. In dem Glaskasten an der Wand zeichneten die elektrischen Pegelschreiber die Wasserstände von Cuxhaven und an der St.-Pauli-Brücke auf.

Als Dr. Koopmann das Resultat verkündete, klang seine Stimme alarmierend: „Wir bekommen drei Meter über Mittlerem Hochwasser – und mehr. Eher mehr ..."

Drei Meter! Noch nie in diesem Jahrhundert hatte das Hochwasser die Drei-Meter-Marke erreicht! Das letzte Mal war es 1855 geschehen, vor über hundert Jahren ...

Walter Horn, Regierungsdirektor und Abteilungsleiter, beugte sich über die Berechnungen. Mit dem kühlen Blick des Mathematikers prüfte er die Berechnungen, suchte nach schwachen Punkten. Er fand keine.

Drei Meter – höchste Alarmstufe!

Seit 1945 hatte das Hydrographische Institut nur ein einziges Mal höchste Warnstufe ausgegeben, im September 1954. Mit gutem Grund hatte man nur in diesem einen Fall dringendster Gefahr gewarnt. Sie hatten alle noch in Erinnerung, was 1953 bei der großen Sturmflut in Holland geschehen war. Die Holländer hatten in den zwei vorausgegangenen Jahren allein siebenmal die höchste Alarmstufe ausgegeben. Siebenmal war nichts geschehen. Als die Warnung dann ein achtes Mal kam, da hatten die Menschen sie nicht mehr ernst genommen. Sie hatten die Warnungen überhört und waren schlafen gegangen.

Und das achte Mal kam die Flut. 1352 Menschen fielen ihr zum Opfer.

Horn war zu einem Entschluß gekommen: „Es hilft nichts ... drei Meter werden erreicht oder überschritten ... Alarmieren Sie alle Stellen!"

Keiner sagte etwas. Einer notierte die Zeit: 19 Uhr 30 ... In Hamburg waren es noch vier Stunden und fünfundvierzig Minuten bis zur Katastrophe.

In der nächsten halben Stunde alarmierten die Sturmflutwarner des Hydrographischen Instituts die Nordseeküste und das Gebiet der Niederelbe. Um 20 Uhr 15 rief Dr. Koopmann beim Norddeutschen Rundfunk an.

Frau Grünwald von der Nachrichtenaufnahme erkannte ihn an der Stimme. „Was kann ich für Sie tun?"

„Sie müssen das Programm unterbrechen ... für eine sehr wichtige Durchsage ... Wir erwarten eine sehr schwere Sturmflut ..." Einen Augenblick blieb die Leitung still. „Hören Sie?"

„Mein Gott, ja – das kommt so überraschend. Ich werde es selbstverständlich versuchen. Es wird aber schwierig sein ... Das Programm kommt heute abend aus Köln ... Man hat hier immer ein bißchen Angst, das Programm anderer Sender zu unterbrechen. Es sieht so aus, als hielten wir nichts von ihrem Programm."

„Begreifen Sie doch ... Eine außerordentlich schwere Sturmflut! ... Sie müssen alles versuchen! Ich gebe Ihnen jetzt die Meldung. Notieren Sie?"

„Ich notiere."

„Für die gesamte Nordseeküste besteht die Gefahr einer sehr schweren Sturmflut ... Das Nachthochwasser wird etwa drei Meter höher als das Mittlere Hochwasser eintreten ... Das ist der Text. Haben Sie verstanden?"

„Ja ..."

„Und Sie müssen einfach die Sendung unterbrechen!"

„Ich will es versuchen."

Er legte den Hörer auf. Ihm fiel ein: Seine Frau würde jetzt gerade dabei sein, die Kinder ins Bett zu bringen. Und er? Was konnte er noch tun? Das Radio spielte gerade ein Symphoniekonzert, Haydns Schöpfung. Sie waren noch bei der Einführung. Die Erzengel sangen von den Sieben Tagen der Schöpfungsgeschichte:

Rollend in schäumenden Wellen
bewegt sich ungestüm das Meer...

Drei Meter! Und wenn es noch mehr werden würde? Er trat an den Glaskasten. Der Cuxhavener Pegel schrieb immer noch aufwärts. Das Wasser stieg – und stieg...

Das Programm wurde noch immer nicht unterbrochen. Dr. Koopmann wählte noch einmal die Nummer des NDR. „Haben Sie etwas erreicht? Tun Sie alles, es ist unerhört wichtig. Bitte!"

„Ich versuche es noch immer. Ich verstehe ja, um was es geht. Ich bin selbst von der Küste."

Die große, runde Uhr im Studio des Funkhauses an der Rothenbaumchaussee zeigte genau 20 Uhr 33, als der Sprecher in einer Pause die Meldung durchgab. Er las sie sehr ruhig, in seiner unterkühlten Hamburger Sprechweise...

Zur gleichen Zeit sprach Frau Otto den Text für den Ansagedienst der Post in dem kleinen Studio der Bundespost in der Schlüterstraße auf Band. Ab 20 Uhr 40 lief es unter der Nummer 4163: „Für die gesamte Nordseeküste..."

Von Hamburg war nicht die Rede. Für die Menschen der Zweimillionenstadt war die Küste weit.

Hamburg selbst lag unter dem Nordweststurm wie eine große, graue Festung, in deren Mauern die Menschen sich sicher fühlten. Der Sturm, der über den Dächern heulte, störte die Hamburger nicht. Sie sind an Wind und Wetter gewöhnt. „Es gibt kein schlechtes Wetter", sagen die Hamburger. „Nur falsch angezogene Leute."

Die wenigen, die um 20 Uhr 33 die Meldung hörten, dachten nicht daran, daß die Flut ihre Stadt am schlimmsten heimsuchen würde.

Höchstens dachten sie: Die an der Küste werden nasse Füße kriegen!

Wenn der Deich nicht hält

Die Menschen an der Küste kennen ihren alten Feind. Wenn der Sturm aus West oder Nordwest bläst, dann weiß jeder, daß die Flut kommt.

Die Geschichte der norddeutschen Küste ist die Geschichte des ständigen Kampfes mit Sturm und Flut. Die Gesetze dieses Kampfes haben sich in den letzten Jahrhunderten wenig geändert. Sturm und Flut arbeiten mit den gleichen Waffen wie vor tausend Jahren. Und die Menschen wehren sich wie einst: mit Deichen, Schaufel und Spaten.

Vom Dollart bis an die Dünen Jütlands hat dieser Kampf die Menschen geprägt: ihren Wirklichkeitssinn, ihre Beharrlichkeit, ihre Geschicklichkeit, ihren Trotz.

So waren sie auch an diesem Freitag, dem 16. Februar, auf der Hut. Von Emden bis Cuxhaven waren die Reeden und Molen mit schutzsuchenden Schiffen überfüllt. Die Bauern der Marschen trieben ihr Vieh von den tiefgelegenen Weideplätzen. Deichrichter und Deichvögte begannen, die Deiche zu kontrollieren. Männer füllten Sandsäcke ab. Die Pegelwärter kontrollierten die Wasserstände an den Meßlatten ...

Die ganze Küste befand sich in einer Art Belagerungszustand. Überall gab es jetzt Anzeichen dafür, daß *Vincinette* sich mit dem Meer verbunden hatte. Und – man erkannte sie.

Seit dem Morgen saß Sielwärter Enno Janssen am Nordfenster des Sielwärterhauses vor dem großen Seedeich, der Wilhelmshaven schützt. Besorgt beobachtete er das steigende Wasser an der Schleuse. Die Boote vor dem Schleusentor zerrten an ihren Tauen, Holz und Wrackteile trieben vorbei, und draußen johlte der Nordweststurm.

Enno Janssen kannte den Wind. „Mir ist das unheimlich", sagte er zu seiner Frau. „Ich fürchte, wir kriegen hohes Wasser."

Um 16 Uhr begann die Frau die Sachen zu packen und ins obere Stockwerk zu tragen ...

An der Schleuse bei Ritterhude an der Hamme, die zur Entwässerung des Teufelsmoores dient, ging Erich Lüttjen, der Schleusenwärter, zum Pegelhäuschen. Es war 14 Uhr 30, die Zeit, da sonst das Wasser fiel. Aber das Wasser an der gelben Meßlatte stand bei 8 Meter 60, fast zwei Meter über dem normalen Wasserstand!

„Wenn der Wind bleibt, wird es eine schreckliche Nacht", sagte Lüttjen zu seiner Frau.

Zur gleichen Zeit stand der Direktor der Stadtwerke Stade, Hans Schirmer, mit dem Hafenmeister am Elbhafen. Auch hier in Stade war es die

Irgendwo zwischen Stade und Cuxhaven:
Und überall war Wasser.

Zeit des Niedrigwassers – trotzdem schäumte das Wasser der Elbe bis zur Kaimauer empor.

„Zwei Meter über Normal“, sagte der Hafenmeister. „Wenn sich die nächste Tide auflagert – dann kann sich jeder an fünf Fingern abzählen, was passiert.“

Jan Ohling, Bauer aus Campen in Ostfriesland und Erster Deichrichter der Niederemsischen Deichacht, war um 18 Uhr zum Campener Deich gefahren. Er brauchte keine Wetterkarte und kein Barometer. Das Wasser stand hoch am Deich. Zu Hause auf seinem Hof sagte er zu seiner Frau: „Mutter, halt den Ofen warm! Es wird eine Nacht, wo wir aufbleiben müssen. So hab’ ich das Meer noch nie gesehen. Es ist, als ob jeder Tropfen kocht.“

„Was du bloß hast! Du bist immer ein Pessimist.“

„Laß erst die Flut kommen! Ich habe Angst, Angst um den Deich. Ich bin am Deich. Geh nicht vom Telefon weg!“

In seinem Haus in Övelgönne bei Brake an der Unterweser saß ein Dreieinhalbzentnermann, schwer wie ein Faß, in seinem Ohrensessel. Kapitän Anton Hullmann. Sein Name ist in dieser Gegend Legende. Als Deichbandvorsteher hatte er jahrelang um Ausbau und Erhöhung der Deiche gekämpft. Bis zum vergangenen Dezember. Da hatte er sein Amt niedergelegt.

Ehe diese schreckliche Nacht um ist, werden sie von ihm sagen: „Wenn der Anton nicht gewesen wäre, lebten wir alle nicht mehr ...“

Seit 16 Uhr klingelte ununterbrochen sein Telefon, alle wollten sie seinen Rat:

„Was ihr macht, ist alles verkehrt, aber arbeiten müßt ihr! Anfangen mit Sandsäcken, Strohballen. Wenn ihr keine Sandsäcke habt, nehmt den Leuten die Betten und Bettlaken weg ... Denn wenn der Deich nicht hält, nützen ihnen die Betten auch nichts mehr.“

Pastor Schmaltz von Juist stand vor seinem Haus. Unter den stürmischen Wolken schien der Mond zu fliegen. Der flache Streifen des Südstrandes war überflutet. Im Licht des Mondes war das Wasser schmutzig und grau. In langen Wellen kam es drohend immer näher. Das Nachbarhaus, das am tiefsten lag, hatte es bereits erreicht.

Alles erinnerte den Pastor an das, was er über schreckliche Sturmfluten der Vergangenheit gelesen hatte. Was würde diese Nacht den Menschen bringen?

Da hörte er eine Stimme: „Sind Sie es, Herr Pastor?“

Aus der Tür des Nachbarhauses fiel Licht. Die Frau des Dr. Lang stand dort. Dr. Lang ist Arzt, aber er praktiziert nicht mehr. Er verwaltet das Küstenmuseum der Insel und widmet sich wissenschaftlichen Studien. In der Bibliothek in seinem Haus stehen Hunderte von Büchern über die Geschichte der Küste.

Der Pastor ging der Frau entgegen, die erschreckt auf das anstürmende Wasser starrte.

„Wissen Sie, wie es im Dorf aussieht?“ fragte er.

„Beim Hotel Seeblick soll das Wasser über den Deich gekommen sein. Die Billstraße ist überschwemmt.“

„Das heißt, wir sind abgeschnitten?“

Die Frau nickte stumm. „Glauben Sie, daß es für uns schlimm wird?“

„Für uns? Nein. Aber leider für viele, viele andere. Ich hoffe, Gott wird ihnen allen gnädig sein ...“ Ein Schauer peitschte ihm den Regen ins Gesicht. „Kann ich Ihnen etwas helfen?“ fragte er.

„Danke. Sie sollten lieber auf sich selbst Obacht geben, Herr Pastor! Ich habe Sandsäcke bereit.“

„Ihr Mann ist nicht da?“

„Er ist auf dem Festland.“

Im Haus klingelte das Telefon. Man hörte es bis nach draußen. Dann rief eine Kinderstimme: „Mutti ...“

„Einen Augenblick, bitte“, sagte Frau Lang und rannte ins Haus. Als sie zurückkam, war das Wasser bereits über die Schwelle in den Flur gedrungen. Der Pastor war nicht mehr da. Sie schleppte Sandsäcke herbei und schichtete sie vor der Kellertreppe auf, um das Eindringen des Wassers in den Keller zu verhindern. Wieder klingelte das Telefon, hörte aber gleich auf.

Sie wußte nicht, wie lange sie auf der Kellertreppe ausgeharrt hatte. Als sie später in den Hausflur kam, lag der Pastor am Fuß der Treppe. Die Brille lag neben ihm. Seine Augen sahen an ihr vorbei. Sie beugte sich über ihn. Seine schmalen, weißen Lippen bewegten sich. Er hob den Kopf. Sie mußte sich weit zu ihm hinunterbeugen, um ihn zu verstehen.

„Ihr Mann ... Ein Anruf ... Er macht sich Sorgen ... Seine Nummer ...“ Der Kopf des Pastors sank zurück. Seine Hand berührte die Brust, da, wo das Herz ist.

Da sah sie in seiner Hand den Zettel mit der Telefonnummer. Pastor Schmaltz wäre vielleicht gerettet worden, wenn die Flut nicht den Deich durchbrochen und die Häuser an den Haid-Dünen vom Dorf abgeschnitten hätte. So kam jede Hilfe zu spät.

Als zwei Männer vom Roten Kreuz endlich die Ärztin durch das hohe

Wasser zum Haus des Dr. Lang getragen hatten, lebte Pastor Schmaltz zwar noch, aber er war nicht mehr bei Bewußtsein. „Sofort ins Krankenhaus", entschied die Ärztin.

Die beiden Rot-Kreuz-Männer legten ihn auf die Bahre. Beim Hotel Seeblick stand ein Wagen der Feuerwehr. Aber gerade, als sie die Bahre in den Wagen schieben wollten, kam ein schwerer Brecher und warf den Wagen um.

So trugen die Männer die Bahre den ganzen Weg, über zwei Kilometer.

Männer mit Schaufeln kamen aus der Dunkelheit und beugten sich über die Bahre: „Wer ist das?"

„Der Pastor."

Sie nahmen die durchnäßten Mützen ab, gaben den Weg frei und kehrten zu ihrer Arbeit am Deich zurück.

Der Turm der Kirche ragte düster in den Himmel; die Kirche, in der später der Sarg stand, vor dem Altar mit dem Messingkreuz, das er selber geformt hatte.

Der Pastor starb kurz nach seiner Einlieferung ins Krankenhaus. In dem Haus in Loog bei den Haid-Dünen brannte noch immer die Lampe auf dem Schreibtisch, die alte Chronik lag da, aufgeschlagen, so, als könnte gleich einer beginnen, sie fortzusetzen . . .

Der Hubschrauber bringt Milch und Brot für die Eingeschlossenen von Wilhelmsburg.

Die Glocken von Völlen

Nicht einmal die, die um ihn weinten, konnten sagen, daß ein blindes Schicksal den Pastor von Juist getötet habe; denn sein Leben war vollendet. Was aber war mit jenem zweiundzwanzigjährigen Wehrpflichtigen, der in diesem Augenblick in einer Kaserne schlief?

Das Leben Manfred Bahstans begann gerade. Und doch sollte er diese Nacht sterben – weil er andere retten wollte...

Der weißgekalkte Kasernenbau der Panzer-Pionier-Kompanie 330 lag in einem Waldstück bei Lingen. Die Tannen standen bis nah an die Gebäude. Manchmal bog der Wind die dunklen Zweige und hieb sie gegen die weiße Hauswand. Bahstan schlief fest, die Decke in dem blaukarierten Überzug über die Schultern gezogen. Er hörte nicht die Schritte auf dem Gang, die hallende Stimme. Jemand riß die Tür auf: „Auf! Auf! Alarm!"

Sie mußten ihn erst wachrütteln. Er richtete sich auf und sah über sich das breite Gesicht des Gefreiten Pinkanelle. „Was ist los?"

„Katastrophenalarm."

„Was...?"

„Bei Papenburg ist der Deich gebrochen!"

Er war im Nu angezogen. Ehe er den Spind verschloß, betrachtete er einen Augenblick die Fotografie an der Innenseite. Das Bild seiner Frau.

„Beeil dich!" sagte jemand. Vom Hof herauf klang bereits das Geräusch startender Motoren. Eine Viertelstunde später rumpelten die schweren Siebentonner durch die Nacht.

Mit unfehlbarer Sicherheit hatte die Flut das schwächste Glied in der Kette der Emsdeiche gefunden. Die beiden Deiche rechts und links der Ems waren stark, aber für die Sturmfluten war dies altes, bekanntes Land. Die Flut bewegte sich so sicher, als gehöre der Fluß zu ihrem Machtbereich. Von der Macht *Vincinettes* gepeitscht, wälzte sich die Flutwelle an den Deichen entlang.

Vom Dollart bis hinunter nach Papenburg waren die Feuerwehren alarmiert. An allen gefährdeten Stellen – in Ditzum, Hatzum, Terborg, Kirchborgum und Weener – standen die Deichwachen Posten. Aber die Flut fand, was sie suchte: den einzigen nicht verstärkten und nicht erhöhten Deich hinter der Papenburger Seeschleuse.

Das Wasser fraß sich in ihn hinein. Bald polterten breite Stücke der Grasnarbe über die Deichkappe. *Vincinette* unterstützte die Flut mit der Gewalt ihrer steifen Böen. Dann war es nur noch das Werk von Sekunden. Der Deich brach. In einer Länge von 80 Metern wurde er bis zur Sohle weggerissen. Im fahlen Licht des Mondes brachen die tosenden Wassermassen durch die Lücke und stürzten sich auf die Häuser in der Niederung hinter dem Deich ...

Das alte Bauernhaus an der Straße von Papenburg zum Gut Halte, in dem Johann Hinrichs wohnte, stand nahe der Stelle, wo der Deich brach.

Hinrichs, 36 Jahre alt, Dreher in Papenburg, war bei der Elternversammlung in der Völlener Schule. Man sprach über das neunte Schuljahr; Hinrichs Tochter Monika – das älteste von acht Kindern – ging in die achte Klasse.

Es war 22 Uhr, als der Dorfpolizist in den Saal stürmte. Er rief nur ein Wort: „Hochwasser!"

Als Hinrichs auf dem Weg nach Hause war, kam vom Kirchturm wildes, unregelmäßiges Glockenläuten. Die Glocken von Völlen läuteten Sturm. Johann Hinrichs war noch fünfzig Meter vom Haus entfernt, als er das Wasser sah. Er kam gerade noch durch.

„Monika, Bernhard, Martha ... Aufstehen! Das Wasser kommt!" schrie er. Dann begann er die Tür zu verbarrikadieren. Aber es half nichts. Das reißende Wasser drückte die Tür auf. Das Haus hatte nur Parterre und einen Dachboden. Sie flüchteten nach oben.

Zuerst trug er die Kinder hinauf, seine eigenen acht, dann die zwei von seinem Nachbarn Koschick, der das Haus nicht mehr erreicht hatte. Er schaffte es noch, Matratzen und Federbetten nach oben zu werfen, dann mußte er selber das Erdgeschoß verlassen.

Der Sturm brauste um das Haus, und überall stand das Wasser. Vom Fenster der Bodenluke sah er im Mondlicht die glitzernden Kämme der Flut.

Seine Frau und Frau Koschick hatten die Kinder beruhigt. Sie lagen auf den Matratzen unter den dicken Federbetten. Die Kleinen schliefen schon wieder, und die Frauen sprachen nur flüsternd, um sie nicht zu wecken. Plötzlich hörten sie ein unheimliches Krachen, berstendes Holz, stürzende Mauern. Ein Kind begann zu weinen. Die Frauen sahen sich entsetzt an.

Der Mann ging zur Treppe, vorsichtig. Als er zurückkam, war er schneeweiß im Gesicht. „Die linke Hausecke ist weg", sagte er leise, mit einem Blick auf die Kinder, „einfach weg, eingestürzt!"

Er hatte es kaum gesagt, als ein entsetzlicher Lärm über ihm zusammenschlug: Unter dem Anprall des Wasser sackte auch die rechte Hausecke weg. Dann verschwand die ganze Vorderseite des Hauses. Giebel und Hauswand stürzten ein, ins Nichts aufgelöst. Das ganze Haus schwankte und bebte unter ihnen. Sie waren erstarrt vor Entsetzen. Sie konnten sich nicht bewegen, nicht schreien. Sie begriffen erst, was geschehen war, als sie den schneidenden Wind auf ihren Gesichtern spürten. Die Kinder hatten sich in ihren Betten aufgerichtet. Nur ihre verängstigten Gesichter sahen hinter den Federbetten hervor.

Langsam tastete sich Hinrichs nach vorn. Er hatte den Himmel über sich, und unten dehnte sich das Wasser wie ein weiter See, in dem sich die Lichter der einzelnen Häuser spiegelten. Er sah Menschen ... Hinten an der Schleuse. Er schrie um Hilfe, aber der Wind riß ihm die Worte vom Mund. Er suchte nach der Taschenlampe. Die Frauen sahen ihn ängstlich an.

„Sie werden uns schon holen kommen“, sagte er, aber seine Stimme zitterte, weil er wußte, daß jeden Augenblick das ganze Haus unter ihnen zusammenstürzen konnte.

Auf allen vieren kroch er Zentimeter um Zentimeter bis an die Stelle vor, wo die Vorderfront fehlte. Dann kauerte er sich nieder und gab Blinkzeichen mit seiner Lampe.

Zur gleichen Zeit fuhren die schweren, grünbraunen Siebentonner der alarmierten Panzer-Pionier-Kompanie 330 auf der Straße Lingen–Papenburg durch die Nacht. Sie fuhren bereits seit über einer Stunde.

Unbeweglich kauerten die Panzerpioniere auf den Seitenbänken. Unter ihnen der zweiundzwanzigjährige Manfred Bahstan. Er hatte nur noch eine knappe Stunde zu leben.

Wenn der Gefreite Manfred Bahstan die Plane anhob, sah er das Band der Straße und die hellen Scheinwerfer der folgenden Fahrzeuge. Die schweren, grünbraunen Siebentonner der Panzer-Pionier-Kompanie 330 fuhren bereits über eine Stunde durch die Nacht – Richtung Papenburg im Emsland. Unbeweglich saßen die Pioniere auf den Seitenbänken. Sie sprachen kaum. Man sah die Gesichter nur, wenn die Zigaretten aufleuchteten.

Der Wagen hielt. Lärmende Stimmen und Musik kamen aus der Dunkelheit.

Als Bahstan nach draußen spähte, sah er maskierte Gestalten – die Besucher einer Karnevalsveranstaltung. Sie versperrten die Straße. Der Fahrer hupte anhaltend, aber die Stimmen wurden eher lauter.

Der Gefreite Pinkanelle zog sein Etui hervor und bot Bahstan eine Zigarette an. Manfred Bahstan schüttelte den Kopf. Er war groß, schlank, und man sah ihm den Sportler an.

„Hast du nie geraucht?“

„Eine Zeitlang“, antwortete Bahstan, „aber ich merkte es sofort – an der Leistung ...“ Er hatte drei Steckenpferde: Schwimmen, Fotografieren und Zoologie.

Schwimmen war das größte. 1957 war er Westdeutscher Jugendmeister im Kraulschwimmen geworden. Bei seinem Verein, Hamborn 38, hatte er auch Erika, seine Frau, kennengelernt, die Westdeutsche Meisterin im Rükkenschwimmen.

„Dein Urlaub fällt ins Wasser“, sagte Pinkanelle. Es gefiel ihm, und er wiederholte: „Buchstäblich ins Wasser!“

„Meine Frau muß das Telegramm schon haben“, sagte Bahstan. Er hatte es am Morgen aufgegeben: *Komme Samstag auf Urlaub nach Hause. Hole mich wie immer Hauptbahnhof Duisburg ab. Gruß Manne.*

Sie nannte ihn so – Manne. Vor acht Monaten, am 16. Juni 1961, hatten sie geheiratet. Am 2. Juli waren sie von der Hochzeitsreise – Camping an der Riviera – zurückgekommen. Am 3. war er zur Bundeswehr eingezogen worden.

„Zum Geburtstag bin ich bei ihr“, sagte er. Sie wurde in fünf Tagen einundzwanzig.

Der Wagen stoppte.

„Endlich!“ rief jemand. „Ich zeige euch den Weg.“

Sie fuhren ein paar hundert Meter weiter, und dann rief eine Stimme: „Hier ist es!“

Bahstan schlug die Plane zurück. Ein Polizeiwagen stand da, mit der langen Bahn seiner Scheinwerfer. Auf dem Dach wirbelte das Blaulicht. „Absteigen!“ Es war die Stimme des Kompanieführers Leutnant Baron.

Sie sprangen auf den Boden, der naß und glitschig war. Im Mondlicht hoben sich die Umrisse hoher Bauholzstapel ab. Überall standen Neugierige, und einer hatte ein Kofferradio dabei. Dazwischen saßen einige am Boden in dunkle Decken eingehüllt, apathisch, stumm. Man hatte sie aus den vom Wasser eingeschlossenen Häusern geholt.

Der Leutnant stand an der offenen Tür des Polizeiwagens, und die Polizisten zeigten ihm auf einer Karte, wo die dreizehn Menschen eingeschlossen waren – im Haus von Johann Hinrichs an der Straße von Papenburg zum Gut Halte.

„Los, packt an“, sagte Pinkanelle.

Sie holten die beiden Schlauchboote und begannen sie aufzupumpen. Zehn Minuten später paddelten sie mit aller Kraft gegen die Strömung.

Überall Wasser – eine weite Wüste schwarzen Wassers, aus der die Giebel der Häuser herausragten. Die hellen Glasdächer einer Gärtnerei schwammen auf dem Wasser wie Flöße. Die Schlauchboote hielten auf das Haus zu, aus dem die Blinkzeichen kamen.

Das Haus, in dem die dreizehn Menschen eingeschlossen waren, lag dicht hinter dem Deichbruch. Mit den Schlauchbooten kamen die Pioniere nicht ran. Die Strömung war zu reißend. Ein Boot kenterte. Schließlich paddelten sie zu dem Gasthof, der hinter dem Haus auf einer kleinen Anhöhe lag.

Sie stiegen aus und beratschlagten. Wie ein verlorener Haufen standen die sechzehn Mann in dem knöcheltiefen Wasser. Der Wind war so stark, daß er sie an die Hauswand drängte. Von dem alten Bauernhaus kamen noch immer die Blinkzeichen. Aber sie wurden bereits schwächer.

„Es hat keinen Sinn mit dem Schlauchboot", sagte der Leutnant. „Wir müssen sie einzeln herausholen. Die Kinder zuerst ..."

Seine Leute hörten ihm zu und rauchten ihre Zigaretten. Sie froren in der Nachtluft, in ihren nassen Uniformen. Sie trugen Kampfjacken und Schwimmwesten.

Der Leutnant ging voraus zu der dunklen Hecke vor dem Gasthaus. Aus einer Gruppe Zivilisten, die stumm davorstanden, trat ein Mann auf die Soldaten zu. „Ihr müßt sie herausholen!" schrie er. Er packte Bahstan am Arm. „Ihr könnt die Kinder doch nicht einfach absaufen lassen!"

Bahstan sah sein Gesicht ganz nahe vor sich. Sein Vater hatte ein solches Gesicht. Er kannte Hunderte solcher Gesichter, aus dem Stahlwerk, in dem er gearbeitet hatte. Gesichter, auf denen alles stand: das frühe Aufstehen, der Maschinenlärm, Staubluft, Akkordarbeit, tagaus, tagein.

„Beruhige dich, Koschick", sagte jemand. „Sie holen sie ja schon!"

„Seine Kinder sind dort drüben im Haus", sagte einer fast entschuldigend.

Die Soldaten hatten die beiden Schlauchboote wieder ins Wasser geschoben. Bahstan watete ihnen nach. Die Stiefel sogen sich voll Wasser. Er sah immer noch das verzweifelte Gesicht des Mannes. Würde er in zwanzig Jahren auch so aussehen? Nein. Er, Manfred Bahstan, hatte sich vorgenommen, aus diesem Kreis auszubrechen. Deshalb ging er bis zur mittleren Reife zur Schule. Deshalb hatte er zwei Jahre lang die technische Abendschule besucht.

Die Kameraden hatten das Schlauchboot an einer Hecke angebunden, etwa dreißig Meter von dem bedrohten Haus entfernt. Gurgelnd schoß vom Deichbruch her das Wasser. Jeden Augenblick konnte das Haus von Johann Hinrichs einstürzen.

Bahstan watete auf den Leutnant zu. „Lassen Sie mich gehen", sagte er. „Ich mach das schon."

Der Leutnant sah ihn an. Dann blickte er über das aufgewühlte Wasser zum Haus hinüber. Es kamen keine Blinkzeichen mehr.

„Er ist der beste Schwimmer", sagte der Gefreite Patizko.

„Also gut. Seilt ihn an."

Niemand sprach. Patizko nahm das Halteseil aus dem Schlauchboot, schlang es um Bahstans Brust und verknotete es. Dann zog er das Seil an. „Gut so?"

Bahstan nickte. Die fünfzehn Mann stellten sich auf und nahmen das andere Ende des Seiles. Bahstan watete durch das Wasser, den Kopf gesenkt. Als es ihm bis zur Brust reichte, wandte er sich noch einmal um. Das neue Seil schimmerte weiß über den dunklen Fluten.

„Paß auf", schrie Pinkanelle. „Die Strömung ist verdammt stark."

„Laßt mich ruhig schwimmen", sagte Bahstan. „Gebt mir nur genug Seil."

Mit vorgestreckten Armen ließ er sich fallen.

Er war vielleicht zehn Meter entfernt, als sein Kopf untertauchte.

Wie auf Kommando zogen sie das Seil straff. Bahstan kam hoch. Sie hörten ihn rufen: „Seil nachlassen!"

Sie ließen das Tau durch ihre Hände gleiten. Es spulte sich ab, zehn Meter, fünfzehn ... Plötzlich sahen sie ihn nicht mehr. Es war unheimlich. Noch immer tauchte er nicht auf. Angst packte sie. Das Tau glitt immer noch durch ihre Hände.

„Zieht ihn raus!" Die Stimme des Leutnants überschlug sich. Sie zogen, das Seil spannte sich. Entsetzt sahen sie sich an. Sie spürten die Gefahr. „Zieht!!!"

Das Seil tauchte wippend aus dem Wasser, wurde straff, saß fest ... „Wir hatten das Gefühl", sagten sie später, „als ob wir eine Mauer zogen."

Sekunden dehnten sich zu einer Ewigkeit. Sie standen immer noch im Wasser, das Seil in den Händen, betäubt von dem Entsetzlichen. Einer von ihnen, der Feldwebel Werner von Hofe, hielt es plötzlich nicht mehr aus. Er wollte Bahstan nachschwimmen. Drei Mann mußten ihn zurückhalten.

Die Männer sahen den Leutnant an. Endlich befahl er: „Abbrechen! Bindet das Seil an."

Patizko watete mit dem Seil durchs Wasser, schlang es um den Stamm eines Baumes und knotete es fest. Plötzlich flammte ein Scheinwerfer auf. Die Wasserwüste lag vor ihnen wie ein dunkler Friedhof.

Boote der Marine retteten bei Morgengrauen zehn Kinder und drei Erwachsene aus dem alten Bauernhaus. Sie bargen auch die Leiche des zweiundzwanzigjährigen Gefreiten Manfred Bahstan.

Als sie ihn fanden, wurde die grausige Wahrheit klar: Vor dem Bauernhaus lief eine Stromleitung. Der Sturm hatte den Mast geknickt; die Drähte, die noch Strom führten, lagen unter der Wasseroberfläche.

Die Matrosen hüllten den Ertrunkenen in eine Wolldecke.

Dann packten sie die Decke an den vier Zipfeln und trugen ihn weg.

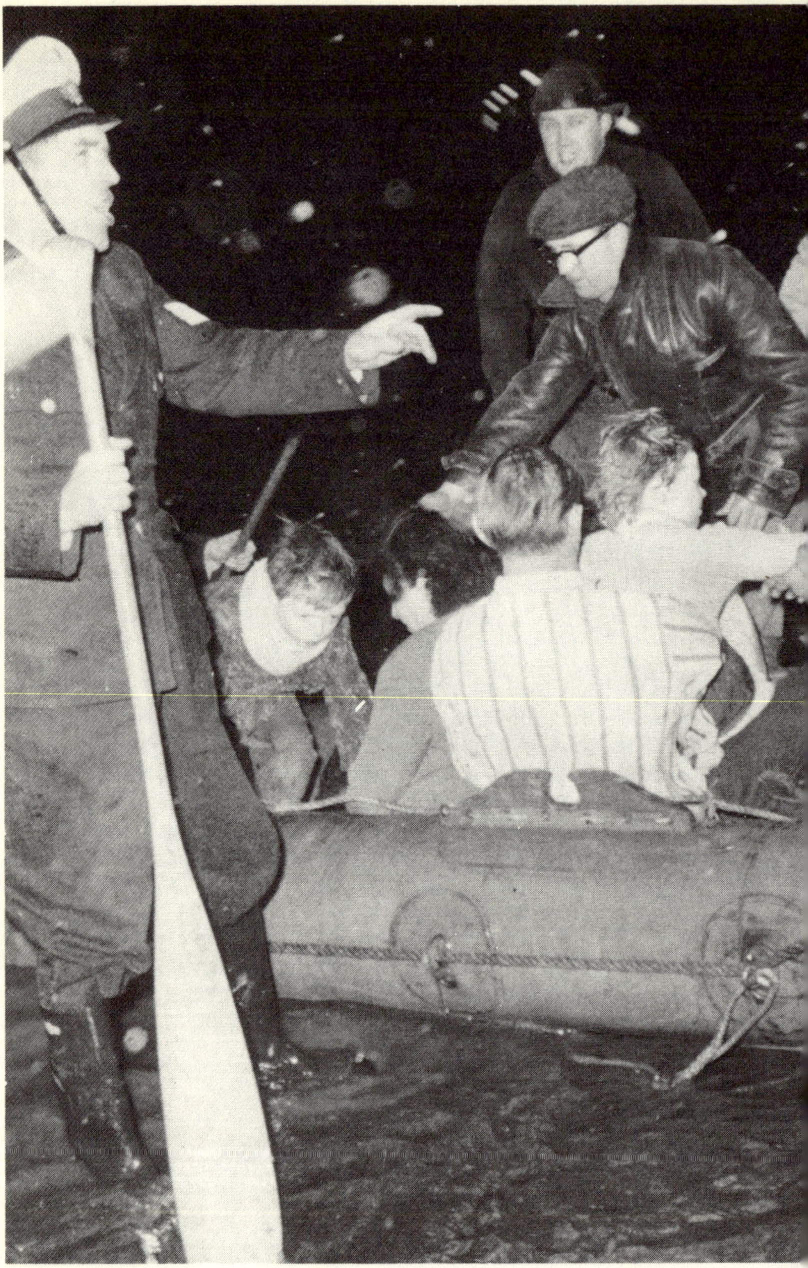

Hamburg-Wilhelmsburg:
Total erschöpft, aber in Sicherheit.

Bahstans Frau arbeitete an diesem Samstag im Büro. Der Anruf kam drei Stunden bevor sie ihren Mann am Bahnhof abholen wollte. Der Pfarrer war am Apparat. Er sagte nur, daß etwas passiert sei.

Ihr Chef brachte sie nach Hause. Er erinnert sich, wie sie während der Fahrt sagte: „Mit Manne kann nichts passiert sein. Es wird etwas mit den Eltern sein . . ."

Die Eltern warteten auf sie, in Tränen aufgelöst. „Manne ist verunglückt!"

„Liegt er im Krankenhaus?" fragte sie. „Wo? Ich fahre sofort zu ihm."

„Nein", sagten sie, „er ist tot."

Sie schüttelte den Kopf. Sie konnte es nicht glauben. Sie begruben Bahstan vier Tage später in seiner Heimatstadt. Es war der Tag, an dem er bei seiner jungen Frau zu sein hoffte, ihr einundzwanzigster Geburtstag.

Mayday . . . Mayday

In jener Stunde, da das Bauernhaus von den Fluten eingeschlossen wurde und die Glocken im benachbarten Dorf Völlen Sturm läuteten, ahnte in Hamburg nur ein kleiner Kreis Eingeweihter die drohende Gefahr.

Um 21 Uhr 45 wiederholte der Nachrichtensprecher des NDR die Meldung von einer sehr schweren Sturmflut an der norddeutschen Küste. Inzwischen war die Sturmflutwarnung erhöht worden: Die erwartete Fluthöhe betrug nun 3 Meter 50!

Diese Vorhersage war für die Experten alarmierend – den meisten Einwohnern der Stadt sagte diese nüchterne Zahl nichts. Im Bewußtsein ihrer Sicherheit hatten sie ihr Wochenende begonnen.

In St. Pauli reflektierten die nassen Straßen den bunten Schein der Neonlampen. Die roten Straßenbahnen mit dem Wappen der Stadt kreischten in den engen Kurven. Auf der Elbchaussee fuhr eine Kolonne chromblitzender Autos und hielt dann auf dem Parkplatz vor dem bekannten Eßlokal mit den orangefarbenen Portieren. Im Hotel Atlantik kamen gerade ein paar verspätete Anwälte zum Juristenball. In kleinen Kneipen standen Arbeiter vor den Theken, viele noch in ihrer Arbeitskleidung und die vollen Lohntüten in der Brusttasche – denn es war Freitag. Zahltag.

Im Hafengewässer kreuzte ein grünes Fährschiff, und die Musik der Kapelle klang bis ans Ufer. Eltern, Lehrer und Schüler feierten das Abitur.

In Fuhlsbüttel bekam die Superconstellation der Lufthansa, Flug Nummer L 1049, von der Flugsicherung Landeerlaubnis. In weitem Bogen schwenkte die Maschine über dem Hafen ein. Die Passagiere blickten durch die Fenster. Unter ihnen lagen die dunklen Becken der Alster, die Häuser ein Meer von Lichtern, und wie Perlenschnüre die breiten Ausfallstraßen.

Unter den Passagieren befanden sich vier Mannequins. Während des Fluges hatten die Männer nur Augen für sie gehabt, und die Stewardessen hatten sich ein bißchen resigniert in die kleine Küche zurückgezogen. Der Pilot hatte jetzt Sprechverbindung mit Fuhlsbüttel.

„Seien Sie vorsichtig", warnte die Flugsicherung. „Wir haben sehr starke Böen aus West-Nordwest."

Der Leiter der Flugsicherung blickte aus seinem Glaskasten hinaus auf die violetten Lichter zu beiden Seiten der Rollbahn. Dann prüfte er die letzten Windmeldungen. Der bockige West-Nordwest stand quer zur Landebahn. Für leichtere Maschinen, wie die Viscount oder Convair, bestand dabei die Gefahr, aus der Bahn gedrängt zu werden.

Die Superconstellation setzte jetzt zur Landung an. Ihre Schweinwerfer tauchten die Piste in strahlendes weißes Licht. Der Leiter der Flugsicherung atmete erleichtert auf, als die Maschine ruhig ausrollte.

„Wir sagen alle weiteren Flüge für heute nacht ab", entschied er.

Die Superconstellation kam auf das Hauptgebäude zu. Ein Mann in gelbem Overall winkte sie mit Leuchtstäben ein. Lautlos zog ein Wagen die Gangway heran. Die Tür schwang auf. Vier Mädchen stiegen die Treppe hinunter, Pelzmäntel über dem Arm. Jemand reichte ihnen Blumen . . .

Keine vierundzwanzig Stunden vergehen, und hier werden Hubschrauber starten und landen, um zu retten, was noch zu retten ist.

Die Zeiger der Flughafenuhr standen auf 22 Uhr 18. Hamburg hatte noch eine Stunde und 57 Minuten Gnadenfrist – bis zur Katastrophe.

Wie einsame Vorposten standen die Leuchttürme in der dunklen Nacht vor der Küste, von Borkum im Westen bis hoch im Norden nach Sylt. Ihre blinkenden Strahlen drangen kaum noch durch die kalte, schwere Luft des Sturmes, der über die Wasserfläche fegte.

Die Wogen rüttelten an den Fundamenten der Türme. Gischtspritzer reichten hinauf bis an die Fenster. Der Äther war angefüllt mit verzweifelten Hilferufen. Immer wieder jagte Norddeich-Radio seinen SOS-Ruf in die Nacht: *Mayday . . . Mayday . . .*

Auf den Leuchttürmen, in den Küstenfunkstationen, in den Funkkabinen der Schiffe schwiegen dann alle und lauschten.

Die Küstenfunkstelle Norddeich-Radio liegt auf einer Landspitze, die weit ins Meer hinausragt – Uflandshörn. Der Sturm zerrte an dem Wald von Antennenmasten. Die elf Männer aber, die in dieser Nacht bei Norddeich-Radio Dienst taten, kamen nicht von den Geräten weg.

Fernmelde-Inspektor Walter Wollweber aus Norden, der seit 1942 bei Norddeich-Radio Dienst tat, hatte eine solche Nacht noch nicht erlebt. Seit 21 Uhr überstürzten sich die Hilferufe von in Seenot geratenen Schiffen.

Die Männer von Norddeich-Radio konnten nicht viel tun. Sie konnten fragen: *Wie heißen Sie? Wo sind Sie?* Sie konnten die Position peilen. Und sie konnten die Notrufe an Rettungskreuzer und Bergungsschiffe weitergeben, die in dieser Nacht in pausenlosem Einsatz waren:

Der Seeschlepper „Atlas“ versuchte dreimal, aus der Emsmündung auszulaufen, denn draußen kämpften die sechs Männer des deutschen Küstenmotorschiffes „Dele“ einen verzweifelten Kampf um ihr Leben und ihr Schiff. Aber die „Atlas“ schaffte es nicht gegen die schweren Seen.

Die „Ruhrstahl“ suchte auf der Elbe vor Cuxhaven nach zwei abgetriebenen Schuten.

Der Seenotrettungskreuzer „H. H. Meier“ kämpfte sich gegen den Nord-West durch die Außenweser, um einem Pakistaner zu Hilfe zu kommen, der beim Leuchtturm Robbenplatte auf dem Steindamm gestrandet war.

Die „Langeroog“ versuchte vergeblich, die „Antje Oltmann“ zu erreichen, die nordöstlich von Baltrum mit gebrochenem Ruder trieb und weiße und rote Leuchtkugeln schoß.

Das schwedische Schiff „Silona“, das vor Brunsbüttelkoog lag, funkte um Hilfe. Ankerbruch! Bevor aber Hilfe kam, nahm ein gewaltiger Brecher das Schiff auf den Rücken und setzte es auf eine Wiese.

Die Männer von Norddeich-Radio saßen vor ihren Geräten und lauschten. Ein Holländer ... Er meldete:

HIER HOLLÄNDISCHES KÜSTENMOTORSCHIFF „FOKKE DE JONG“ STOP DEUTSCHES KÜSTENMOTORSCHIFF HAT MASCHINENSCHADEN STOP ICH BLEIBE BEI IHM.
Und nach einer weiteren halben Stunde:
DAS DEUTSCHE KÜMO BRAUCHT SOFORT HILFE STOP KANN NICHT HELFEN STOP HABE SELBER SCHLAGSEITE STOP HABE ZWEI MANN VERLOREN STOP POSITION J E 7.
Wieder sendete Norddeich-Radio sein *Mayday ... Mayday.*

Ein bedrohtes Paradies

An den Molen Bremerhavens lagen die schutzsuchenden Schiffe in doppelten Reihen. Ihre Umrisse hoben sich im Mondlicht ab. An der Columbus-Kaje lag das riesige plumpe Mittelstück eines Schiffsneubaues. Der Sturm hatte das 118 Meter lange „Midbody“, das zwei Schlepper über den Atlantik nach Boston bugsieren sollten, gegen die Columbus-Kaje geschmettert.

Die Wellen erreichten Höhen von fünf bis sechs Metern. Um zwei Minuten vor neun abends, drei Stunden vor dem Nachthochwasser, zeigte der Wasserstandsanzeiger am Alten Hafen schon 2 Meter 55 mehr als normal.

Die vom Orkan gepeitschte Weser war weiß vom Gischt. Der Sturm drückte die Flut gegen die Deiche am Alten Hafen, zwischen den Leuchtfeuern beim Zoo. Schäumend schlugen die Wellen gegen die Mauer der „Tiergrotten“, wie der Zoo in Bremerhaven heißt. Die zwei Meter hohe Mauer war alles, was die Tiere vor dem Wasser schützte.

Es war kurz nach acht Uhr, als Günther Bartmann, der Tierpfleger, den Direktor des Zoos zu Hause anrief. Dr. Kurt Ehlers hatte den Wagen gar nicht erst in die Garage gefahren. „Ich komme sofort“, sagte er.

Den ganzen Tag schon hatte er mit wachsendem Unbehagen die großen Seemöwen über der Hafenstadt beobachtet. Ein Zeichen, daß der Sturm kam.

Dr. Kurt Ehlers ist ein Mann von vierundfünfzig Jahren, ein Gelehrter mit hoher Stirn und einem Kranz dichter Haare. Er war früher Landwirt gewesen – bis ein schwerer Unfall sein Leben verändert hatte: Mit dreiundzwanzig Jahren hatte er noch einmal die Schulbank gedrückt, das Abitur nachgemacht, Veterinärmedizin studiert. Lange hatte er als Tierarzt praktiziert, bis er vor zehn Jahren die „Tiergrotten“ in Bremerhaven übernommen hatte.

Ehlers liebt Tiere, er traut ihnen mehr als manchen Menschen. Die 5000 Quadratmeter hier draußen auf dem Deich – das ist seine Welt, sein Paradies.

An der Kasse des Tiergartens wartete der Tierpfleger. Dr. Ehlers brauchte nicht zu fragen: Der Zoo mit seinen fast vierhundert Tieren roch förmlich nach Angst. Auf der nahe gelegenen Straße vor den „Tiergrotten“ stand ein Wagen der Feuerwehr. Männer schlossen Schläuche an. „Wir müssen auspumpen. Das Wasser ist ins Aquarium gedrungen“, sagte der Tierpfleger.

Ehlers hatte eine Handlampe genommen. Der Tierpfleger führte ihn.

Hamburg-Wilhelmsburg:
Warten auf die Retter.

Das Gelände des Zoos fiel zum Fluß hin in Terrassen ab. Im tiefer gelegenen Teil stand das Wasser schon knietief. Sie gingen von Gehege zu Gehege. Über ihnen rotierte der Lichtstrahl des nahen Leuchtturms, heulte der Sturm.

Die jungen Lamas sprangen verstört am Gitter hoch. Ehlers und der Tierpfleger trugen sie ins höher gelegene Kohlenlager, ebenso die Walliser Ziegen. Bald war jeder Platz überfüllt. Ehlers konnte nur noch von Gehege zu Gehege gehen, um die Tiere zu beruhigen. Sie kannten seine Stimme. Die meisten hatte er von klein an aufgezogen.

Die Vogelwiese war ein einziges Gekreische. Die Tiere stelzten kopflos hin und her. Der Marabu kam an die Umzäunung; ein alter Herr, grindköpfig, ohne Federn auf dem Kopf. Ehlers legte ihm die Hand auf den Kopf. Er spürte, wie der Körper zitterte.

„Marabu", sagte er – der afrikanische Storch hatte keinen anderen Namen –, „reg dich nicht auf. Es passiert nichts, ich bin ja da." Es kam nicht auf die Worte an, nur auf die Stimme. „Ein bißchen Wind, Marabu, ein bißchen stürmischer Wind. Verlier nur die Nerven nicht, ich paß auf, daß dir nichts geschieht."

Ehlers ließ das Licht seiner Taschenlampe über die Tiere hinweggleiten. Nur „Falko" war ruhig, der Islandfalke, der sich vor zwei Jahren im Netz eines Fischers verstrickt hatte. Er saß wie immer auf seinem Lieblingsplatz, unbeweglich wie ein Asiate.

Im großen Affenhaus hangelten sich die Schimpansen wie irr durch das Gewirr der Stangen und stießen schrille Schreie aus.

Dr. Ehlers hatte in diesem Augenblick Angst um sein bedrohtes Paradies, so wie nie zuvor. Und nichts gab es, um das Unheil abzuhalten.

Um 22 Uhr 30 brach die Mauer zur Weser. An der Vogelwiese gab sie dem Ansturm des Wassers nach und stürzte in sich zusammen. Der reißende Strom zertrümmerte die Tür zum Schlafraum der Stelzvögel und zerknickte die zarten Beine der Kraniche und Flamingos. Durch den Sturm schrillten die qualvollen Todesschreie der Tiere. In Sekunden war die Vogelwiese ein Friedhof.

Ehlers hatte ein Würgen im Hals. Das Wasser stieg weiter. Es reichte ihm schon bis zum Bauch. Es war eiskalt, und der Wind peitschte es auf.

Die Papageien, Kakadus und Aras kreischten verzweifelt und verstummten plötzlich. Das Gehege der Rhesusaffen – in dem sonst eine ausgelassene Horde spielte, sich anpöbelte, prügelte – war jetzt tot und still.

„Gehen Sie zum Eisbärengehege", sagte Ehlers zum Tierpfleger. „Passen sie auf Muffel auf. Wir müssen verhindern, daß er ausbricht!" Bartmann verschwand in der Dunkelheit. Ehlers stemmte sich gegen die Strömung.

Die beiden Vielfraße – schwere, große Mardertiere – schwammen umher, von Sinnen vor Angst, so daß das Wasser wallte und schäumte. Er versuchte die Tür zu öffnen. Vergeblich. Die Strömung war zu stark.

„Ich hole euch raus", sprach er auf sie ein. „Seid ruhig. Ich lasse euch nicht im Stich."

Maluk und Leila sprangen an das Gitter über dem Gehege und klammerten sich da fest. Ihr Atem ging keuchend. Sie waren seine Lieblinge, vielleicht, weil sie wie keine anderen Tiere gehaßt und verfolgt werden. Vor zehn Jahren waren sie in Schweden gefangen worden. Sie waren jetzt beide alt. Das Alter hatte sie gefährlich und bissig gemacht. Seit Jahren hatte selbst Dr. Ehlers es nicht mehr gewagt, sie auf den Arm zu nehmen.

Er kämpfte sich durch das Wasser zur Kasse, um Hilfe zu holen. Bartmann hielt vor dem Eisbärengehege Wache. Muffel schwamm im Wasser, das bereits bis zur Höhe des Gitters reichte. „Bleib ruhig", rief Ehlers dem Bären zu. Zum Tierpfleger sagte er leise: „Wenn er aussteigt, müssen wir ihn erschießen." Er kam sich wie ein Verräter vor.

Er watete weiter. Die Feuerwehrleute waren noch da. „Ich brauche zwei Männer. Wer hat Mut?" Ein Lastwagen fuhr gerade vorbei, beladen mit Sandsäcken. Ehlers sah die Männer fragend an.

„Sie fahren Sandsäcke", sagte jemand. „Der Deich hinter der Strandhalle ist in Gefahr!"

Kaum hundert Meter entfernt kämpften andere Menschen gegen die Flut, und er wußte nichts davon. Keiner wußte in dieser Nacht vom anderen. „Also – kommt jemand mit?"

Zwei Uniformierte folgten ihm. Das Wasser stieg ihnen jetzt bis an die Brust. Seltsame bauschige Bälle trieben auf der Wasseroberfläche vorbei, zehn, zwanzig, immer mehr – Meerschweinchen, ertrunken. Es gelang ihnen zu dritt, die schwere Tür zum Gehege der Vielfraße aufzureißen. Ehlers trat in die Schleuse, einen Vorraum, der verhinderte, daß die Raubtiere beim Füttern aus ihren Gehegen ausbrechen konnten.

Die beiden Uniformierten warteten draußen. „Sobald ich rufe: Tür auf!", instruierte er sie, „öffnen Sie mir. Es muß schnell gehen; ich weiß nicht, was geschieht, wenn ich die Tiere auf dem Arm habe. Also passen Sie auf, wenn ich rufe!" Er redete auf die Tiere ein, als er das Gehege betrat. Maluk und Leila hingen über ihm am Gitter.

„Kommt her . . . ruhig . . . Leila, ich bringe euch wieder raus . . . Ich weiß, ihr mögt Wasser nicht." Ihr keuchender Atem wurde ruhiger und plötzlich spürte Ehlers ein schweres Gewicht auf der Schulter. Es war Leilas nasser, zitternder Körper.

„Maluk", sagte er, „komm, Maluk . . . du siehst ja, Leila traut mir." Da kam auch Maluk. Er packte die Tiere an den Vorderläufen, nahm sie unter den Arm. „Tür auf!“ schrie er. Nichts geschah. Niemand zu sehen. „Tür auf!“ schrie Ehlers wieder. Niemand antwortete.

Hilflos stand er da, fast bis zum Hals im Wasser, die beiden Tiere im Arm. Er wußte nicht, was sie im nächsten Augenblick tun würden. Plötzlich hatte er Angst, hier in diesem überschwemmten Käfig selber elend umzukommen. Die Tiere drängten sich noch dichter an ihn.

„Es nützt nichts“, sagte er zu ihnen. „Ich muß euch loslassen.“ Er kam sich gemein und klein vor. Woher nahmen die Menschen ihren Glauben, daß Tiere leichter starben als Menschen?

Er hatte Angst, kalte, nackte Angst. Es half nichts. Er warf die beiden ins Wasser und riß die Tür zur Schleuse auf. Sofort kamen sie angeschwommen. Er stieß sie zurück; es war zu gefährlich, sie hinauszulassen. Aber er haßte sich in diesem Augenblick, sich und alle Menschen.

Er wußte nicht, wie es ihm gelang, die äußere Tür zu öffnen. Draußen fiel er hin, tauchte, kam nach oben, spuckte Wasser. Etwas trieb auf ihn zu. Er schauderte, als er den Marabu erkannte. Tot. Sein Gefieder trug ihn. Der Kopf mit dem langen Schnabel lag auf dem Wasser, als ruhe er sich aus.

Als Ehlers zur Kasse kam, starrten ihn die Männer an wie einen Geist. Der Aquariumwärter kam auf ihn zu. „Die Fische sterben uns“, sagte er. „Wir haben Schmutzwasser in die Becken bekommen.“ Einer fragte Ehlers: „Wollen Sie nicht trockene Kleider anziehen?“ Er schüttelte nur den Kopf. Im Dunkel drängten sich Gruppen Neugieriger. Keiner rührte eine Hand, keiner half. Wie er sie haßte ihn diesem Augenblick . . .

Er starrte auf das trostlose Bild, das sich ihm bot. Er hätte weinen können. Der Zoo lag vor ihm, tot, dunkel, geisterhaft fremd – ein zerstörtes Paradies. Er wußte, daß Mauern sich wieder aufbauen und Tiere sich ersetzen ließen, daß alles wieder so werden würde, wie es gewesen war.

Aber das Leid konnte man nicht ungeschehen machen. Einem Tier hatte der Sturm nicht den Tod, sondern die Freiheit gebracht: Das Wasser hatte einen der Seehunde über die Mauer hinaus in die Weser gespült.

Es war „Billy“ – sie hatten ihn so getauft, weil er auf dem Bill, der äußersten Westseite der Insel Juist, gefunden worden war, von Dr. Lang, dem Nachbarn des Pastors Schmaltz. Drei Tage war Billy damals alt gewesen. Selten gelang es, junge Seehunde ohne die Milch der Mutter aufzuziehen. Dr. Ehlers hatte Billy mit einer Magensonde gefüttert, Tag für Tag, Woche um Woche – so brachte er ihn durch.

Nach der Katastrophe blieb Billy vier Wochen lang in der Wesermündung in der Nähe seiner Heimat. Eine Nacht schlief er am Bremerhavener Strand, dann wieder wurde er drüben am Strand von Nordenham entdeckt. Immer wieder wurde Dr. Ehlers angerufen: „Wir haben Ihren Billy gesehen. Wir werden ihn gleich haben.“

Billy ließ sie bis auf zehn Meter herankommen, dann wich er zurück ins Wasser. Die Leute, die da kamen, hatten fremde Stimmen. Der Schiffsmeldedienst rief Ehlers an: „Ihr Billy fängt Fische. Er frißt mit dem größten Appetit. Sollen wir ein Boot ausschicken?“

„Lassen Sie ihn!“

Vier Wochen lang kam fast jeden Tag eine Nachricht. Dann verschwand Billy über Nacht. Aber er war groß und stark. Er war draußen bei seinen Artgenossen, in einem herrlichen und freien Leben, das ihm *Vincinette* geschenkt hatte.

Es war eine ihrer letzten Launen, die sie sich gönnte. *Vincinette* war nun kein junger Sturm mehr. Sie raste nicht mehr blindlings über das Meer. Darüber war sie hinausgewachsen. Jetzt war sie gelassen, in dem Bewußtsein ihrer Macht. Sie schien sich ganz auf den Namen zu besinnen, den ihr ein Meteorologe gegeben hatte: Die Siegreiche. Es war erst sechsunddreißig Stunden her, daß sie getauft worden war.

Es hat in der Geschichte der norddeutschen Küste stärkere Stürme gegeben als *Vincinette,* aber keinen von solcher Zielstrebigkeit und Ausdauer. Seit über zehn Stunden attackierte sie nun schon mit unverminderter Stärke die Küste. Das Stampfen der Grundseen zeugte von ihrer Kraft. Welle um Welle rollte gegen die Küsten, brach sich an den Klippen, an Molen und Deichen. Stunde um Stunde schob *Vincinette* neue Wassermassen in die Mündungen der Flüsse. Wie eine Geißel stand sie dahinter . . .

Die Stunde der großen Flut kam heran.

Land vor den Deichen

Dort, wo die Weser ins Meer mündet, war nichts zu sehen, außer den grauen, weißgestreiften Seen. Die hohen Wogen zogen an der Blexer Landungsbrücke vorbei, in majestätischem Rhythmus; vorbei an dem Kilometerstein, der den Schiffen zeigt, daß es noch 63 Kilometer bis Bremen sind. Aber kein Schiff war draußen.

Als Friedrich Thaden, der Ortsbeauftragte des Technischen Hilfswerkes Nordenham, von der Landungsbrücke zum Rathaus kam, glich der Platz einem Heerlager. Lastwagen fuhren vor. Freiwillige des Technischen Hilfswerkes warfen Schaufeln und leere Säcke auf die Ladeflächen.

„Sind alle da?“ fragte Thaden.

„Ja, fast alle“, sagte jemand. „Aber wir brauchen noch Leute. Wir sind viel zu wenige.“

Einen Augenblick überlegte Thaden. Er war ein großer Mann mit großen Händen. Er besaß in Nordenham ein Sägewerk und handelte mit Holz. Er trug eine alte, abgewetzte Jacke, aber sie war aus bestem Tweed, und er trug sie wie ein Engländer. Er war sechzig Jahre alt. Sein Gesicht war ledern und zerfurcht. „Schickt jemand ins ‚Quo Vadis‘!“ sagte Thaden.

„Ausgerechnet das ‚Quo Vadis‘?“

Das „Quo Vadis“ war der Treffpunkt der „Schwarzen Gang“: einer Clique von Sechzehn-, Siebzehnjährigen, über die man in Nordenham viel schimpfte.

„Nun geh’ schon einer“, sagte Thaden. Im Rathaus sah man hinter den erleuchteten Fenstern Polizisten an Telefonen sitzen. Ein Wachtmeister kam aus dem Haus. Ohne Mütze und Koppel. Er sah sich suchend um, dann ging er auf Thaden zu.

„Der Deich“, sagte er, „ein Anruf aus Augustgroden, dort bricht der Seedeich. Sie brauchen Hilfe.“

Die anderen sahen Thaden fassungslos an: Wenn der große Seedeich zwischen Beckmannsfeld und Schweiburg brach, hing die Sicherheit der Menschen auf der Halbinsel Butjadingen an einem seidenen Faden.

„Zwei Mann“, sagte Thaden. „Wir fahren voraus. Die anderen kommen auf den Lastwagen nach.“

Ein Rudel von Jungen auf knatternden Mopeds kam die Straße herauf: die Jungen aus dem „Quo Vadis“. Sie hielten, klappten die Ständer aus und stellten die Motoren ab. Sie kamen näher, eng zusammen. Einer trat vor. „Ich bin Rettungsschwimmer“, sagte er.

„Schwimmer brauchen wir nicht“, sagte Thaden. „Wir brauchen Leute, die schippen, Sand schleppen.“

Der Junge sah sich um. Die anderen standen hinter ihm mit ihren schwarzen Jacken und angeklebten langen Haaren. Sie nickten. Ihr Sprecher wandte sich um. „Das können wir auch“, sagte er.

Thaden hätte ihn in diesem Augenblick umarmen mögen. „Gebt ihnen Arbeitszeug“, sagte er. „Und schreibt ihre Namen auf, wegen der Versicherung, falls etwas passiert.“ Dann lief er zu dem wartenden Wagen ...

Sie fuhren durch die Nacht, auf der Straße nach Stollhamm. Manchmal mußten sie anhalten und dicke Äste wegräumen, die der Sturm auf die Straße geschleudert hatte. In der dunklen Weite leuchteten vereinzelt Lichter. Hunderttausend Menschen lebten hinter dem Seedeich in dem flachen, weiten Land, das nur fünfzig Zentimeter über dem Meeresspiegel liegt.

Wenn der Deich brach, würde es einen Wettlauf auf Leben und Tod geben.

„Können Sie nicht schneller fahren?“ sagte Thaden, obwohl er sah, wie die Tachonadel um die Zahl 100 zitterte.

Thaden kannte dieses Land. Seine Vorfahren hatten hier seit Generationen gelebt. Es war ein einsames, rauhes, vergessenes Land, das zwischen Weser und Jade vorspringende Butjadingen: das Land „buten“ – außerhalb – der Jade. Früher hatte es einmal bis hinaus auf den Hohen Weg gereicht, dort, wo jetzt der Leuchtturm im Meer stand – die sagenhafte, reiche Marsch der Herren vom Hohen Weg.

Thaden erinnerte sich an die überlieferten Geschichten von jenem Reichtum: Von dem Gras, das so schnell wuchs, daß die Melkerinnen ihre Eimer nicht mehr fanden, die sie am Abend zuvor auf der Wiese vergessen hatten. Von Ernten, die so reich waren, daß die Bauern ihre Tennen nicht mit Sand, sondern mit Mehl ausstreuten. Von Bauern, die ihre Äcker mit silbernen Pflugscharen pflügten. Von Pferden, die mit goldenen Hufen beschlagen waren. Und von den Sielen, automatischen Schleusentoren, aus Kupfer. In Langwarden kann man heute noch alte Männer und Frauen finden, die das Brausen im Kupfernen Siel vom Hohen Weg zu hören glauben. Sie flüstern nur davon, denn der Überlieferung nach bedeutet das Brausen kommendes Unheil. Es gibt einige, die es auch diesmal gehört haben wollten . . .

An all das mußte Thaden denken, als sie jetzt zum Deich fuhren. Dann sahen sie ihn vor sich, ein langer, dunkler, geschwungener Wall. Sie ließen den Wagen stehen.

Ein Lastwagen fuhr über den schmalen Betonweg rückwärts an den Deich heran. Alte Frauen standen da, durchnäßt und durchfroren, und hielten leere Säcke auf. Männer schleppten wie Kulis Säcke auf dem Rükken. Auf dem Weg zum Deich gingen sie gebeugt unter der Last, aber sicher. Wenn sie mit den leeren Säcken unter dem Arm zurückkamen, strauchelten sie unter dem Ansturm der harten Böen *Vincinettes.*

Thaden sah, wie der Sturm das schwarze Wasser schäumend über die Kappe des Deiches hinwegsprühte. Er klomm die steile Wand hinauf. Es war, als befände er sich auf See. Die Luft war voll Wasserstaub und Gischt. Er schmeckte das Salz auf seinen Lippen. Für Augenblicke sah er den Mond mit seiner fast vollen Scheibe. In seinem Licht zeichneten sich die Schatten der Männer scharf ab. Die langen, anrollenden Wellen ließen den ganzen Deich unter ihrem Druck erzittern.

Thaden rutschte wieder hinunter. Der Wagen mußte gekommen sein; er

Hamburg-Wilhelmsburg:
Die Not machte erfinderisch.

KONDITOREI

sah die Jungen von der „Schwarzen Gang" Sandsäcke schleppen. Aber es waren immer noch zu wenige. Zu wenig Menschen, zu wenig Sand, zu wenig Säcke.

Thaden winkte seinen beiden Helfern. Durch den schneidenden Wind fuhren sie nach Norden. Ein Wagen der Feuerwehr hielt auf der Straße. Männer standen herum. Thaden stieg aus. Ein Feldwebel der Feuerwehr kam ihm entgegen, in seiner bunten Uniform, den Helm auf.

„Wollt ihr nicht helfen?" schrie Thaden.

Er sah vor sich ein ärgerliches, beleidigtes Gesicht. „Natürlich wollen wir helfen. Aber hier ist gar keine Organisation. Hier ist nicht mal jemand, dem ich meine Leute melden kann."

„Melden?" Thaden starrte ihn an. Auf dem Deich schleppten die alten Leute Säcke bis zum Umfallen und er wollte melden. Aber da Thaden ein Mann war, der die Menschen kannte, brüllte er ihn an: „Ich führe hier das Kommando!"

Es war fast unheimlich, zu sehen, wie das Gesicht des Mannes aufleuchtete. Er ließ seine 22 Feuerwehrleute antreten. Er ließ sie ausrichten. Dann kommandierte er: „Die Augen links!", kam auf ihn zu, hob die Hand an den Helm und meldete zackig: „Zweiundzwanzig Feuerwehrmänner zur Stelle!"

Was steckte alles in den Menschen – dachte Thaden in diesem Augenblick. Erbärmlichkeit und Größe. Und er dachte, es sei wohl nötig, daß es Stunden gab, in denen Menschen ihr wahres Gesicht zeigten. Er spielte das Spiel zu Ende – „Rühren", sagte er. Dann ging er schnell davon.

Endlich fand er ein Haus. Der einsame Hof lag geduckt im Windschatten. Die Fenster waren dunkel. Er hieb mit der Faust gegen die Tür und wartete, bis eine Frau öffnete. Sie hatte nur ein wollenes Tuch über ihr Nachthemd geworfen. „Kann ich telefonieren?"

Die Frau führte ihn in die Wohnstube. In der nächsten Viertelstunde alarmierte Thaden alle, die er erreichen konnte, Bauer Walter Mengers, Vorsteher des II. Deichbandes und Nachfolger Anton Hullmanns, war unterwegs. Schließlich rief er die Nummer 893 in Brake an. Es war eine Nummer, die er nicht nachzusehen brauchte.

Endlich vernahm er am anderen Ende der Leitung die tiefe, sonore Stimme des Kapitäns Anton Hullmann. Er berichtete.

Ein Wutausbruch antwortete ihm. Dann kamen Hullmanns Ratschläge, barsch und knapp: „Anfangen mit Sandsäcken . . . immer auf die Außenkante . . . laßt die Löcher, packt alles auf den Deich. Und laßt euch nicht dreinreden. Die schlimmsten sind die, die organisieren wollen . . . Wenn so ein Baurat daherkommt . . . nehmt ihn und steckt ihn mit dem Kopf voran in den Schlick! Was ihr macht, ist alles verkehrt, aber arbeiten müßt ihr, arbeiten, bis zum Umfallen!"

Thaden legte auf. Die Frau stand immer noch frierend da und hielt das wollene Tuch über der Brust zusammen. „Bleiben Sie hier am Apparat", sagte er. Als er zum Deich kam, sah er, wie die Grassoden wegflogen. Brokken, so groß wie ein Kleinauto, brachen aus der Deichkappe und landeten polternd 20 bis 30 Meter hinter dem Wall auf der Erde. Sofort stieß die Flut nach, getrieben von *Vincinette.* Schnell lief das Wasser in das flache Land hinter dem Deich.

Da stieß ihn jemand an. Die Männer auf dem Deich hörten auf zu arbeiten; sie erstarrten in ihren Bewegungen, wie in einem Film, der plötzlich angehalten wird. Thaden wandte sich um, und dann sah er es auch: Hunderte von Lichtern am Horizont, eine Kette von Fahrzeugen.

Hilfe!

Sie kam zur rechten Zeit! Die Männer und Frauen am Deich bewegten sich plötzlich wieder. Und dann kam vom Deich, von dem Deich, der an Hunderten Stellen bröckelte, Gesang.

„Auf den Deichen weht der Wind so kalt . . .", sangen sie.

In seinem Haus auf dem Wall in Ovelgönne bei Brake – knappe fünf Kilometer von der Weser – warf Kapitän Anton Hullmann den Telefonhörer auf die Gabel.

Frau Budde, die Haushälterin, die jetzt siebzehn Jahre bei ihm war, wartete seinen Wutausbruch ab. Dann sagte sie vorsichtig: „Daß Sie in einer solchen Nacht zu Hause sein müssen . . ."

„Muß ich nicht", sagte er unwirsch. „Aber wenn die Flut einmal da ist, ist es ja zu spät, etwas zu tun." Die Hosenträger hingen ihm über die Hüften herab, das Nachthemd stand über seiner gewaltigen Brust offen. Das Licht flackerte. „Hol die Lampe", sagte er. Er ließ sich in seinen Ohrensessel fallen. Er füllte ihn ganz mit seinem massigen Körper aus, ein Kerl wie ein Faß.

Er schlief seit langem nicht mehr nachts. Nachts lag er wach, tagsüber saß er in seinem Ohrensessel und schlief.

„Bei Augustgroden droht der Deich zu brechen", sagte er, als die Frau die Petroleumlampe auf den Tisch stellte. Er hatte die Angewohnheit, beim Sprechen immer wieder durchs Fenster nach draußen zu blicken. Die Lampe stand zwischen ein paar Gläsern und einer fast leeren Flasche Benediktiner. Der große Kachelofen strahlte kaum noch Wärme aus. Im Raum roch es nach kaltem Tabaksrauch.

„Früher hat man Leute gepfählt, die durch Nachlässigkeit einen Deichbruch verursachten! Das waren noch Zeiten."

Die Frau sah ihn prüfend von der Seite an.

„Sie können es nachlesen. Im alten Deichrecht ... Man stieß ihnen einen spitzen Eichenpfahl durchs Herz und rammte Pfahl und Mensch in die Deichlücke. Und dann nichts wie gute Erde drüber." Man sah ihm an, daß er fähig gewesen wäre, so ein Urteil selber zu vollstrecken.

Anton Hullmann war wie ein König, ein Herr aus jenen Zeiten, in denen die Deichbauern in der Marsch die Mächtigsten waren. Er suchte nach seiner Pfeife, stopfte sie. Er stemmte sich aus dem Sessel, ging zum Fenster. Es war so kalt geworden, daß die Scheiben beschlagen waren. Er stand dort, die Beine weit gespreizt.

Die Frau verließ den Raum. Von dort, wo er stand, sah man den Friedhof unter den Tannen. Dort hatte er sein Grab. Schon bezahlt. Und der Grabstein stand bereits, mit Namen und Geburtsdatum:

ANTON HULLMANN
Kapitän
★26.7.1891

Nur das Todesdatum fehlte. Daneben lag ein zweites Grab – auch das gehörte ihm. Reserviert für eine seiner „Bräute"; er war sich nur noch nicht sicher, für welche. Er war ein Mann, der auch dann nicht allein sein wollte.

Anton Hullmann hat ein wildes, ungestümes Leben geführt. „Genußsucht und Faulheit bestimmten mein Leben", sagte er selber. Von seinen großen Taten sprach er nicht.

Aus „Versehen", wie er meinte, hatte er es in Oldenburg bis zur Untertertia gebracht; schon damals handelte er mit Patronen, Tennisbällen, Briefmarken, Nähmaschinen und Fahrrädern. Dann war er ausgerückt, zur Marine. Im Ersten Weltkrieg fuhr er auf einem Kreuzer und auf Minensuchbooten. Nach dem Krieg wurde er Sprengmeister, Taucher, Versicherungsagent, Autohändler – bis wieder Schiffe fuhren; er kannte die Häfen der ganzen Welt.

Im Zweiten Weltkrieg befehligte er Vorpostenboote, jene ungepanzerten, schlecht bewaffneten, umgebauten alten Fischdampfer – ein reines Himmelfahrtskommando. Er nannte seine Boote die „Hullmann-Linie"; er führte mit ihnen Krieg, als sei es seine Privatsache. Er bekam hohe Auszeichnungen, avancierte zum Korvettenkapitän – und wurde zum Matrosen degradiert, mit einem Jahr Gefängnis bestraft, wegen seines für einen deutschen Offizier unwürdigen Benehmens: Er sagte, was er dachte; er hatte Frauen an Bord geduldet, den Sohn eines Admirals drei Tage Arrest im Scheißhaus absitzen lassen und sich geweigert, mit einem völlig untauglichen Schiff auszulaufen ...

Bei Ende des Krieges strandete er in seiner alten Heimat. Damals begann Hullmanns neue „Regierungszeit" – man wählte ihn zum Vorsitzenden des II. Oldenburgischen Deichbandes.

Sein „Reich" waren die Deiche der Wesermarsch und Butjadingens; Deiche, an denen lange nichts mehr getan worden war.

Nichts stand damals zwischen den Menschen und der Flut als die völlig ungenügenden Deiche und der Wille eines Mannes. An diesem Nichts hatte Hullmann in jenen Hungerjahren zu arbeiten begonnen. Ein verrücktes Unternehmen, denn für 57 Pfennig Stundenlohn rührte keiner eine Hand. Aber er hatte die Arbeiter an die Deiche gelockt; mit markenfreiem und kostenlosem Essen, mit Textilien, mit Schuhwerk.

Major Rose von den Britischen Royal Engineers in Oldenburg hatte den Anfang gemacht. Die Väter der beiden Männer kannten sich aus Malta: Hullmann redete so lange, bis Major Rose 6500 Dosen Irish Stew stiftete, Zigaretten, den ersten Zement.

Anton Hullmann machte Bettelfahrten über Land. Er „organisierte". Kartoffeln, Haferflocken. Und er war immer dabei, wenn es galt, eine Kuh nebenbei schwarz zu schlachten. Bald hatte er vierhundert Arbeiter.

In zweieinhalb Jahren waren die Deiche ausgebaut, erhöht. Bis zur Währungsreform hatte er für 2 Millionen eine Arbeit vollbracht, die heute 10 Millionen kosten würde.

Die Flutkatastrophe von Holland gab Hullmann recht. Sie rüttelte alle wach. Ein großer „Küstenplan" wurde beschlossen. Nun gab es Geld. Es wurde gebaut. Aber Hullmann gab sich nicht zufrieden; er wollte neue, höhere, bessere Deiche haben. Er blieb der alte Mahner. Jahrelang schrieb er seine Eingaben – nach Bonn, Oldenburg, Hannover. Und wenn es sein mußte, kam er auch selbst!

In der Wesermarsch kennen viele die Geschichte, wie er in Hannover in das Vorzimmer des Ministers trat, mit seiner Tasche, und auspackte: Proviant für acht Tage, eine Buddel Genever, die Schweinsblase mit dem Tabak, den wohl nur seine Lungen vertragen: einheimischer Tabak, gemischt mit Torf. „Ihr könnt mich vorne rausschmeißen", sagte er, „ich komme hinten wieder rein . . ." Er steckte sich seine lange Pfeife an. „Es gibt nur eine Möglichkeit, mich loszuwerden – gebt mir Geld für den Deich!"

Der Minister rief in Oldenburg an.

„Was, der Anton Hullmann ist bei Ihnen? Wenn der sagt, er bleibt, dann bleibt er auch!"

Er kam mit 2,8 Millionen für seine Deiche zurück.

Aber die Zeit verging, und allmählich hörte man auf, an die Gefahr zu denken. Die Leute sagten: „Der Anton ist besessen von seinen Deichen."

Hamburg-Waltershof:
Das Wasser zerstörte alles.

Sie spotteten, als er in Elsfleth eine Betonmauer baute, 2 Meter hoch und 1 Kilometer lang. Sie sammelten Unterschriften gegen die „Schandmauer“. Er zuckte die Achseln, schwieg und setzte sich durch. Er wußte, die Menschen wollten die Wahrheit nicht hören. Und als man begann, die Mittel des „Küstenplanes“ zu kürzen, legte er sein Amt nieder – vor zwei Monaten. Vielleicht war er auch müde geworden ...

Der Mann in seinem Haus auf dem Wall in Ovelgönne war vom Fenster zurückgetreten und hatte das Gezeitenbuch aus dem Regal genommen, für ihn das „Buch der Bücher“. Das Licht flackerte, ging aus und leuchtete wieder auf. Bald kam die Nachtflut. Er betrachtete das Barometer. Rechnete. Draußen in seinem alten Reich starben vielleicht Menschen und Tiere, und er, der alte König, saß untätig hier und konnte nichts tun als am Telefon Ratschläge geben.

Frau Budde hatte die Petroleumlampe angezündet.

„Kiek mi an“, sagte er, plötzlich mit einem bitteren Ton in der Stimme, und schlug sich auf den Leib, „dreihundertsechsundachtzig Pfund, wenn ich zu nichts mehr taug, könnte ich mich immer noch in Coney Island ausstellen lassen.“

„Anton!“ sagte sie nur. Sie kannte ihn gut. Sie wußte, daß er sich nie ändern würde. Und als sie sah, daß er Block und Bleistift nahm und sich Notizen machte, wußte sie, daß verschiedene „Herren“ in der Stadt auf ihren Schreibtischen bald einen seiner bekannten Mahnbriefe finden würden. Eingeschrieben. Absender: A. Hullmann, Kapitän.

„Loop un hol Hilfe!“

Ernst und Franziska Grundmann lebten hinter der „Schandmauer“ von Elsfleth. Das Haus Nr. 49 hinter dem Deich war altersschwach, und der Regen rann durch das Dach. Mit 173 Mark Rente konnte man hinter dem Deich leben – wenn man ein Stück Land dazu hatte und ein Dutzend Kaninchen im Stall – aber um ein Dach neu zu decken, dazu reichte es nicht.

Ziska und Ernst Grundmann saßen im Dunkeln, bei Kerzenlicht. Um zehn Uhr war der Strom weggeblieben. Ziska hatte im Herd Feuer gemacht. Vor dem Fenster sahen sie die große Betonmauer aufragen.

Der Sturm heulte, der Nord-West, der ihr alter Feind war – nicht nur wegen des Daches. Draußen auf der Reetinsel der Weser lagen die Arbeit und der Verdienst eines ganzes Winters: Das Reet, mit dem die reichen Bauern und Städter ihre Häuser deckten. Grundmann schnitt es im Winter, im Wasser stehend; eine harte Arbeit, bei der er sich seinen Rheumatismus und seine entzündeten Kniegelenke geholt hatte.

Die anderen waren jetzt sicher draußen auf den Reetinseln, um große, mit Ankern beschwerte Netze über die Fiemen zu legen, damit der Sturm sie nicht wegtrug.

Draußen klopfte es. Ziska ging öffnen. Eine Nachbarin kam: „Dat gifft wat", sagte sie, „van Nacht suppt wi aff." Heute nacht saufen wir ab. Sie sah Ziska fragend an. Von Ziska Grundmann sagte man, sie habe die Gabe des Zweiten Gesichts, seitdem sie den Tod ihres einzigen Sohnes „gesehen" hatte.

Im Wohnzimmer hing sein Bild, in der Uniform eines Matrosen: August Grundmann, zweiundzwanzig Jahre alt, gefallen am 10. August 1944.

Sie hatte es „gesehen", am selben Tag, in derselben Stunde: das Boot. Deutsche Uniformen. Da war August, ihr Sohn. Hinter dem grauen Geschütz. Dann das andere Boot. Andere Uniformen. Einschläge. Dann viele Gesichter. Gesichter von jungen Menschen, die man aus dem Wasser ins Boot zog – ihr Sohn war nicht dabei. – Später kam der Brief, der alles bestätigte . . .

„Drei Meter fünfzig soll das Wasser kommen", drängte die Nachbarin, „das hat es noch nie gegeben."

Ziska schüttelte den Kopf. „Wir haben die Mauer", sagte sie, „uns geschieht nichts." Sie goß den Tee ein. Sie nahm eine Tasse und ging zu dem Zimmer, das sie an den jungen Mann, der an der Seefahrerschule das Steuermannsexamen machte, vermietet hatte. Sie klopfte. Niemand antwortete. Sie kam zurück. „Er hat sicher wieder zuviel über seinen Büchern gesessen", sagte sie.

Ernst Grundmann zog die Joppe an. Draußen war es stockfinster. Er bemerkte das Wasser erst, als es ihm in die Stiefel rann. Und plötzlich sah er, daß die große Deichschart offenstand. Man hatte vergessen, die Tore einzusetzen. Die Mauer, die Millionen gekostet hatte, war in diesem Augenblick wertlos!

Er hastete hinauf auf den Deich. Im Dunkeln stieß er gegen einen Menschen. Er erkannte den Friseur an der Stimme. „Dat Tor!" schrie er. „Se hept dat Tor vergäten! Loop un hol Hilfe!"

Der andere rannte in die Dunkelheit. Grundmann hörte ihn rufen. Er lief zum Haus zurück.

„Du machst einen Krach!" empfing ihn seine Frau. „Du weckst ihn ja auf!" Sie zeigte auf die Tür, hinter der der junge Mann schlief.

„Es kann sein, daß wir jeden Augenblick hier weg müssen. Weck ihn lieber", sagte er.

Sie stand neben ihm, die flackernde Kerze in der Hand. Sie öffnete die Tür einen Spalt und beugte sich vor. Sie hob die Kerze, daß ihr Schein auf das Bett fiel. Sie sahen nur den Kopf in den zerwühlten Kissen. Vor dem Bett lag ein einzelner Schuh. Sie schloß leise die Tür. „Sieht er nicht ganz unserm August gleich?" sagte sie. „Und er ist genauso unordentlich." Sie sagte es mit der ganzen Liebe einer Mutter.

Draußen hörten sie plötzlich Stimmen. Ein paar Sturmlaternen leuchteten auf. In ihrem Licht sahen sie die Gestalten an der offenen Deichschart. Als sie nach draußen traten, sahen sie vierzehn- bis sechzehnjährige Jungen, die keuchend Sandsäcke herbeischleppten, die Jungen der Schiffsjungenschule. Sack um Sack fiel in die Lücke. Sie waren es, die vierzehn- bis sechzehnjährigen Schiffsjungen, die die Stadt retteten. Sie und die Mauer eines alten, eigensinnigen Mannes.

Ziska und Ernst Grundmann aber wachten die ganze Nacht ängstlich über den Schlaf des angehenden Steuermannes, der so sehr ihrem Sohn glich ...

Der Fluß, der nur wenige Meter am Haus der Grundmanns vorbeifloß, sah zum Fürchten aus. Die Marken, die die Höchstwerte der alten Fluten aus den Jahren 1855 und 1913 anzeichneten, waren längst überschritten. Die von *Vincinette* gepeitschten Wellen brachen donnernd in die Häuser auf der Weserinsel ein; auf der Strohauser Plate, auf Elsflether und Harrier Sand hockten die Menschen auf den Dachfirsten oder klammerten sich zwischen den Sparren fest. Irgendwo brüllten Kühe; Pferde ließen ihre Köpfe unter das Wasser sinken und verendeten still.

In Kirchhammelwarden, Käseburg, Neuenkirchen, Warfleth, Rönnebeck, Blumenthal und Vegesack – in allen Orten standen die Menschen an den Deichen und starrten erschreckt auf den Fluß, der eine immer reichere Beute mit sich schleppte.

Als sei ein Schiff zerschellt, so trieben Balken und Bretter zerfetzter Bootshäuser davon. Möbel, Federbetten, Heuballen und immer wieder die Leiber toter Tiere.

Noch immer stieg die Flut.

Deichschartweg Nr. 14

Der F 43 war pünktlich an diesem Freitagabend. Die hell erleuchtete Wagenreihe schlängelte sich über das Gewirr der Weichen. 22 Uhr 37 zeigte die Uhr des Hauptbahnhofs in Bremen, als der „Roland" einlief.

Der Zug leerte sich schnell. Ein heftiger, zugiger Wind wirbelte Papierfetzen über den Bahnsteig. Aus einem der Erste-Klasse-Abteile stieg Senatsdirektor Franz Löbert, der Mann, der im Fall einer Katastrophe alle Fäden in der Hand zu halten hatte. Löbert nahm seine Koffer auf.

Der Schaffner ging durch die Wagen und sah in die leeren Abteile. Reinmachefrauen stiegen mit Eimer und Besen in den Zug. Hinter einem Fenster war für einen Augenblick das heiße, gerötete Gesicht des Kochs mit seiner hohen, weißen Mütze zu sehen. Und doch war etwas anders als sonst.

Die Halle war leerer. Ein paar Reisende, die bei ihren Koffern standen, sahen sich um, als suchten sie jemanden, der aber nicht gekommen war. Als Senatsdirektor Löbert aus der Halle trat, hörte er aus der Stadt den Lärm von Polizei- und Feuerwehrsirenen.

Am Taxistand parkten nur wenige Wagen. Als Löbert den Schlag öffnete, hörte er gerade noch die letzten Worte der Meldung: „. . . die Bevölkerung wird nochmals aufgefordert, die Gebiete zu räumen."

„Was ist denn um Gottes willen los?"

Löbert war am Vormittag in München weggefahren; er war vollkommen ahnungslos. Er setzte sich neben den Fahrer und nannte seine Adresse. Der Fahrer in seiner dunklen Lederjacke deutete auf das Radio. „Sie warnen schon das dritte Mal . . . Hochwassergefahr."

Hinter ihnen heulte eine Sirene auf. Der Fahrer lenkte den Wagen zur Seite und ließ den Polizeiwagen überholen. „Das geht den ganzen Tag so."

Franz Löbert ließ das Taxi vor seinem Haus warten, während er sich umzog. Der Präsident der Bremer Bürgerschaft hatte bereits bei ihm zu Hause angerufen: In der Stadt herrschte Alarmstufe drei. Kurz vor neun Uhr hatte sich die Katastrophenschutzleitung im Hause des Senators für das Innere an der Contrescarpe versammelt.

Um 23 Uhr 15 betrat Löbert den Sitzungssaal neben dem Zimmer des Bürgermeisters, und wie immer knarrte der alte Parkettfußboden. Löbert nahm am Kopfende des Tisches Platz. Seine Fragen kamen schnell und präzise. In einer Viertelstunde war er unterrichtet.

Die Fernmeldestaffel der Polizei hatte direkte Telefone installiert, die über eine eigene Zentrale liefen. Im Keller war die Plombe entfernt, die die direkte Telefonleitung zu Radio Bremen sicherte: Der Sender war bereit, jederzeit sein Programm zu unterbrechen. Auf einem Seitentisch stand ein Funkgerät – für den Fall, daß der Strom und das eigene Notaggregat ausfielen.

Löbert wußte, wo die Sandsäcke lagen. Er hatte Hilfskräfte, die er wirklich einsetzen konnte, Mitarbeiter, die die Gefahrenpunkte kannten. Er hatte die Übersicht, um Entscheidungen zu treffen. Die ganze Nacht würde er hier sitzen, die halbierten Zigarren in seiner Pfeife rauchen, ein Mann, der seine Stadt kannte – und die Menschen.

Seine erste Maßnahme war, den Alarm in den Parzellengebieten zu verschärfen. „Es ist zu lange nichts passiert", sagte er, „es hat zu lange keine Not mehr gegeben. Die Leute legen sich schlafen, im Vertrauen darauf, daß nichts geschieht."

Er wandte sich an den Polizeipräsidenten: „Lassen Sie die Lautsprecherwagen in den Parzellengebieten nochmals warnen. Ihre Leute sollen an den Häusern klopfen und die Menschen wecken."

Der alte Mann und die alte Frau wichen erschreckt zur Seite, als hinter ihnen die Polizeisirene aufheulte. Der alte Mann beugte sich herab und zog den Hund an sich, als der Funkstreifenwagen scharf an ihnen vorbeifuhr.

Am Deichschartweg, der wie ein Wehr die Kleine Weser gegen den Werdersee abschloß, stand das Wasser düster und zäh wie Teer. Der Polizeiwagen fuhr hinüber in das Kleingartengebiet des Bremer Stadtteils Huckelriede, das wie eine Landzunge zwischen Weser und Kleiner Weser liegt.

Keine dreißig Meter vor den beiden Alten hielt der Wagen. Auf dem Dach wirbelte das Blaulicht. Aus dem Lautsprecher dröhnte eine Stimme durch die Dunkelheit: „Achtung! Achtung! Hier spricht die Polizei! Überschwemmungsgefahr für dieses Gebiet! Nicht schlafen gehen! Wenn möglich, dieses Gebiet für heute nacht räumen ..."

Fenster begannen zu klappern. Dunkle Gestalten kamen aus den niedrigen Parzellenhäuschen. Der Wagen fuhr weiter. Nach einer Weile plärrte wieder der Lautsprecher los, nun aber in der Ferne und leise: „Achtung! Achtung! ..."

Die beiden Alten waren weitergegangen, eingehakt, in der Haltung von Menschen, die das Leben gebeugt hat. Die Nachbarn wußten wenig von Johann und Martha Harms, die seit 1947 hier lebten, am Deichschartweg 14, in einer jener kleinen Holzbuden, wie sie hier zu Hunderten stehen.

Die beiden Fünfundsiebzigjährigen waren einmal Schausteller gewesen. Besuch bekamen sie nie. Man sah sie immer zusammen, den Mann mit dem stark gelichteten grauen Haar und den scharfen Zügen um die Mundwinkel, und die Frau, der man immer noch ansah, daß sie einmal eine Schönheit gewesen sein mußte.

Die Nachbarn scheuten sich ein wenig, mit ihnen zu sprechen: Johann Harms hatte ein Kehlkopfleiden, Krebs. Erst vor acht Tagen war er nach einer schweren Operation aus dem Krankenhaus entlassen worden. Nur die wenigsten konnten seinen unartikulierten Lauten einen Sinn entnehmen.

Die alte Frau schloß die Tür auf. Aus der Ferne ertönte noch immer der Lautsprecher. Sie traten in die Wohnküche, von der ein kleiner Anbau abging, in dem sie schliefen. Die Fenster schlossen nicht ganz dicht, und der Wind bauschte die leichten Vorhänge. Die Frau legte ein paar Scheite Holz auf. Ein Kohlenherd, ein Tisch, ein paar Stühle und ein großes, altes Sofa standen im Raum. An den Wänden hingen Fotografien, hinter denen alte, vergilbte Schießbudenblumen steckten.

Der Spitz Flocki lag zusammengekauert auf dem Sofa. Der Mann hatte die beiden Fiberkoffer geholt. Manchmal bewegten sich seine Lippen, fast lautlos, aber die Frau las ihm die Worte vom Mund ab.

Früher, auf den Jahrmärkten, hatte kein anderer es mit seiner Stimme aufnehmen können. Ihr ganzes Leben waren sie „auf Reisen" gewesen – in einem eigenen Wohnwagen, aus gutem Pitchpineholz, dem kein Wind und Regen etwas anhaben konnten.

Noch heute hatte Johann Harms die Termine der Jahr- und Krammärkte, der Schützen- und Volksfeste im Kopf. Die Bilder an den Wänden zeigten ihn vor der Losbude, dem Kinderkarussell mit auf- und abwippenden Holzpferden. Ein anderes vor der Schaubude, in der sie jahrelang das Seeungeheuer von Loch Ness gezeigt hatten ...

Plötzlich hörte er auf, die Koffer zu packen. Er hob die Hände, in einer hiflosen, fragenden Geste. Er setzte sich auf das Sofa, und seine Hand kraulte das weiße, flockige Fell des Hundes. Wohin sollten sie? Ein ganzes Leben waren sie unterwegs gewesen. Ein Leben lang überall zu Hause – und nirgends. Jetzt hatten die alten Schausteller nur noch eine „Reise" vor sich ...

Am Deichschartweg in Bremen war das Wasser weiter gestiegen. Dunkel schoß es über den Asphalt, überschwemmte den Weg, der über die Kleine Weser in das Kleingartengebiet des Stadtteils Huckelriede führte. Überall flohen die Menschen. Fontänen spritzten auf, wenn wieder einer der hochbepackten Wagen vorbeifuhr.

Johann Harms ließ die Vorhänge vor das Fenster gleiten. Ratlos sah der Fünfundsiebzigjährige seine Frau an. Frau Martha Harms hatte die eisernen Ringe aus dem Herd gelöst und den Wasserkessel ins offene Feuer gestellt. Sie setzte sich auf den Stuhl, die Kaffeemühle zwischen den Knien, und begann zu mahlen. Es war nicht ungewöhnlich, daß das Ehepaar nachts aufblieb. Sie sahen sich an, als draußen jemand gegen die Tür der kleinen Holzbude hämmerte. Johann Harms ging durch den schmalen Flur und öffnete. Der Wind war so stark, daß er ihm die Tür aus der Hand riß. Ein Mann stand draußen.

Bundeswehr und Technisches Hilfswerk evakuieren die Bewohner einer Kleingartensiedlung in Billwerder-Moorfleth.

„Ich hab' zwar Licht gesehen", sagte er, „aber ich dachte, ich warne Sie doch lieber." Er hatte die beiden gepackten Koffer entdeckt, die im Flur standen. „Dann ist ja alles gut. Das Wasser steigt. Wir müssen hier alle weg."

Der alte Schausteller Harms schüttelte den Kopf. Seine Lippen bewegten sich, aber seine Worte waren unverständlich. Der weiße Spitz Flocki war ihm gefolgt und schmiegte sich an seine Beine. Auch die Frau war zur Tür gekommen. „Sie meinen, das Wasser kommt?"

Der Mann deutete in die Dunkelheit. „Es steigt und steigt", sagte er nur.

Sie folgten ihm nach draußen. Der Mond war von Wolken verdeckt. Wieder rumpelte ein hochbeladener dreirädriger Wagen vorbei, mit schäumender Bugwelle.

„Ich muß gehen", sagte der Mann, „ich muß meine Familie wegbringen."

Johann und Martha Harms nickten stumm. So sah der Werkmeister Karl Specketer das alte Schaustellerehepaar zum letztenmal. Nur einer sah die beiden noch an diesem Freitagabend: Ihr Nachbar, der alte Schiffsführer, erinnert sich, mit ihnen gesprochen zu haben.

„Onkel Grupe", wie alle hier den Schiffsführer nannten, hatte die beiden Alten in sein Häuschen gebeten. Er hatte immer eine spezielle Flasche parat: Doppelkorn mit einem Schuß Rum und Kräutern. Sie standen bei ihm, tranken, sagten nicht viel, und als das Licht ausging, waren die beiden gegangen, so, wie man sie immer gehen sah, Arm in Arm, als suchten sie aneinander Halt.

Niemand wird je mit Gewißheit sagen können, was nachher geschah und was die beiden Alten zu ihrem Entschluß trieb. Nur eines ist sicher: Während um sie herum die Menschen sich in Sicherheit brachten, kehrten sie in ihr Häuschen zurück, zogen sich aus und legten sich schlafen.

Man fand sie sehr spät, die beiden Harms. Die anderen Opfer dieser Nacht waren längst geborgen: fünf alte Leute, die vor der Flut nicht mehr hatten fliehen können. Keiner vermißte das alte Schaustellerehepaar Harms vom Deichschartweg Nummer 14.

Keiner suchte nach ihnen. Es geschieht so oft: Menschen leben neben uns, und wir wissen nichts von ihnen. Jetzt, nach ihrem Tod, wird mehr über sie geredet als je zuvor ...

Erst das Winseln des Hundes machte die Leute aufmerksam. Das klagende Heulen kam aus dem Parzellenhäuschen. Dann entdeckte man, daß die Tür einen Spalt weit aufstand. Innen lag eine Kette vor. Jemand lief zum nächsten Telefon und verständigte die Polizei.

Der Polizeiwagen kam mit Sirene und Blaulicht. Einer der Polizisten hielt die Neugierigen zurück. Der andere öffnete die Türe des sauberen, weißgekalkten Parzellenhäuschens mit den aufgenagelten roten Zierleisten.

Der Spitz Flocki stand zitternd auf dem Küchentisch in der Mitte des Raumes und bellte den Polizisten mit letzter Kraft an. „Sei ruhig", sagte der Mann. Der Hund winselte.

Martha Harms lag auf dem Boden vor dem Tisch, auf dem Rücken. Der Mann kniete vor dem Sofa, vornübergeneigt, den Kopf in beide Hände gestützt, als wollte er ruhen.

Was dem Polizisten auffiel, waren die Gesichter: Sie schienen so ruhig, als schliefen die beiden nur. Unwillkürlich bewegte er sich auf Zehenspitzen. Das Haus war kalt und tot. Die Gewichte der Wanduhr hingen ganz tief, aber die Uhr schlug noch, mit ihrem dumpfen, tiefen Schlag, der aus dem dunklen Holzgehäuse wie aus einem Körper kam.

Nur das war zu hören, und das klägliche Winseln des Hundes. Der Polizist trug ihn nach draußen. Dann kehrte er zurück, zu den beiden toten Schaustellern, zu der Uhr und zu den Bildern an den Wänden, auf denen sie so lebendig wirkten: vor der Losbude, dem Kinderkarussell mit den wippenden Holzpferden und vor der Bude mit dem Ungeheuer von Loch Ness . . .

Es war klar, daß sie nicht ertrunken sein konnten. An den Wänden war an den dunklen Stellen zu erkennen, daß das Wasser nur sechzig Zentimeter hoch gestanden hatte. Der Hund hatte bloß auf den Tisch zu springen brauchen, um sich zu retten. Die alte Frau war nur auf dem Rücken naß. Der Mann nur bis zu den Knien.

Die Polizei führte keine Untersuchung. Niemand zählte die starken, schmerzstillenden Tabletten nach, die Johann Harms wegen seines Krebsleidens im Hause hatte. Man schloß die Akten über den Tod zweier Menschen und ließ ihnen ihr letztes Geheimnis. Man trug sie mit den anderen fünf zu Grabe – als Opfer der Sturmflut.

Einer der Gärtner des Huckelrieder Friedhofs, auf dem sie beerdigt wurden, erinnert sich an sie. Sie waren oft hierhergekommen, waren zwischen den Gräbern spazierengegangen, hatten sich auf einer Bank ausgeruht. Einigemale hatte er sich mit ihnen unterhalten. „Wir sprachen über Gräber", erinnert sich der Gärtner. „Wie man sie bepflanzt, daß sie am wenigsten Pflege brauchen. Sie hatten keine Angst vor dem Sterben. Wenn sie vor etwas Angst hatten, dann davor, daß einer von ihnen den anderen allein zurücklassen könnte."

Nun waren sie zusammen – für immer. Hunderte folgten am Tag ihrer Beerdigung den Särgen von der Kapelle zu ihrem Grab. Es war ein grauer, trauriger Tag. Pastor Bensch sprach: „Es ist kein Unglück in der Stadt, das nicht kommt von Gott!" Und obwohl er dabei den Kopf gesenkt hielt und auf die Gräber sah, schienen seine Worte doch an die Lebenden gerichtet.

Die Särge der alten Schausteller verschwanden unter einem Berg von Blumen und Kränzen. Vielleicht hätte es den beiden Toten gutgetan, im Leben nur ein wenig von der Beachtung zu finden, die ihnen an diesem Tag zuteil wurde.

Die Strategie des Sturmes

Es waren jetzt insgesamt vierundzwanzig Menschen, die *Vincinette* getötet hatte. Scheinbar wahllos. Ohne Gut und Böse, nur als Werkzeug eines anderen, größeren Willens. Aber *Vincinettes* Macht würde nicht ewig dauern. Sie mußte ihre Zeit nutzen.

Sie hatte sich seit ihrer Geburt wenig verändert. Auch von den Menschen sagt man, ihr Leben sei in der Stunde der Geburt schon vorbestimmt durch ihre Anlagen, durch Vererbung. *Vincinette* war geblieben, was sie war: ein entschlossener, zielstrebiger Sturm, gelegentlich voller Finten, Tücken und Launen – aber nie hatte sie ihr eigentliches Ziel aus dem Auge gelassen.

Seit der zwölften Stunde des Freitags, in der sie plötzlich auf Nord-West umgesprungen war, stürmte sie ununterbrochen aus dieser Richtung, ohne Atempause.

Alle großen Sturmfluten der Vergangenheit hatten so begonnen: mit Stürmen aus Nord-West. Alle alten Chroniken begannen damit: „Seit dem Morgen stürmte es aus Nord-West." Es war, als trüge *Vincinette* in sich das Wissen um die großen Stürme der Vergangenheit.

Auch die Menschen wußten darum – aber die Menschen schienen ein kürzeres Gedächtnis zu haben als Stürme. Der Sturm konzentrierte seine ganze Kraft auf die Elbe. Seit zwölf Stunden preßte er ungeheure Wassermengen in die Mündung des Stromes. *Vincinette* hatte sich ein großes Ziel gesteckt: die Eroberung einer modernen Weltstadt, einer Festung aus Beton und Stein mit zwei Millionen Menschen.

Aber *Vincinette* verließ sich nicht allein auf ihre Kraft. Sie eröffnete den Angriff wie ein großer Stratege: Zuerst schnitt sie Hamburg von seinen Verbindungen nach draußen ab. Eine der wichtigsten war die Verbindung mit Cuxhaven. Vier Stunden brauchte die Flut von dort bis Hamburg – vier wertvolle Stunden.

Es war der erste Vorposten der Stadt, den *Vincinette* außer Gefecht setzte.

Um 21 Uhr 28 entdeckte Dr. Koopmann vom Hydrographischen Institut in Hamburg, daß der elektrische Pegelanzeiger, der den Wasserstand in Cuxhaven anzeigte, nicht mehr schrieb.

Um 21 Uhr hatte Kurt Eilers, der an diesem Freitagabend in der Wetterwarte Cuxhaven Dienst tat, den letzten seiner „Sturmkunden“ gewarnt. Er notierte die Zeit und trat dann an das kleine Fenster mit Blick nach Norden, auf das Meer.

Der Wettertechniker Eilers ist ein kleiner Mann, schmal, mit schon schütterem Haar; ein Mann von achtundfünfzig Jahren, dem man irgendwie ansieht, daß er jahrelang hinter einer Theke gestanden und mit seinen Gästen über das Wetter gesprochen hat. Er hat es nie bereut, die Gastwirtschaft, die er in Königslutter bei Braunschweig gepachtet hatte, aufgegeben zu haben. Er ist ein Mann, der frische Luft braucht – und Einsamkeit.

Er hatte das Fenster geöffnet. Der hohe Radarturm, hundert Meter entfernt, war kaum zu sehen in der schwarzen Wand der Hagel- und Graupelschauer. Seit Stunden hatte kein Schiff mehr das Bollwerk bei der Alten Liebe passiert.

Als für einen Augenblick die dunkle Wand wie ein Vorhang aufriß, sah Kurt Eilers die hohe Dünung. Er schätzte die Wellen auf sieben Meter. Wenn sie gegen die Betonmauern prallten, stoben hohe Wasserkaskaden auf. Er tat seit fünf Jahren in diesem grauen Gebäude am Alten Hafen Dienst, aber nie hatte er die See so wild gesehen.

Er kontrollierte den Windmesser, den Pegel, schrieb die Werte in das Tagebuch. Mehr konnte er im Augenblick nicht tun.

Er war seit dem Mittag allein, und sein Dienst ging bis 13 Uhr am nächsten Tag. Im Nebenraum stand ein Feldbett, auf dem er nachts schlief.

Dr. Müller, der Leiter der Wetterwarte, war am Mittag nach Bremen gefahren und von dort zu einem kurzen Urlaub zu seiner Familie nach Frankfurt. Eilers konnte nicht wissen, daß Dr. Müller in diesem Augenblick vergeblich versuchte, von einer Raststätte der Autobahn aus Cuxhaven anzurufen.

Der Fernschreiber begann zu ticken. Eilers trat an das Gerät und las den Text mit, aber ehe die Meldung einen Sinn ergab, ging das Geräusch der anschlagenden Tasten in ein Stottern über, dann stand der Apparat still. Im selben Augenblick begann das Licht zu flackern.

Eilers rannte zum Telefon. Aus der Muschel kam ein leeres Rauschen. Er wählte eine Nummer. Nichts . . .

Er suchte hastig nach einem Kerzenstummel und Streichhölzern.

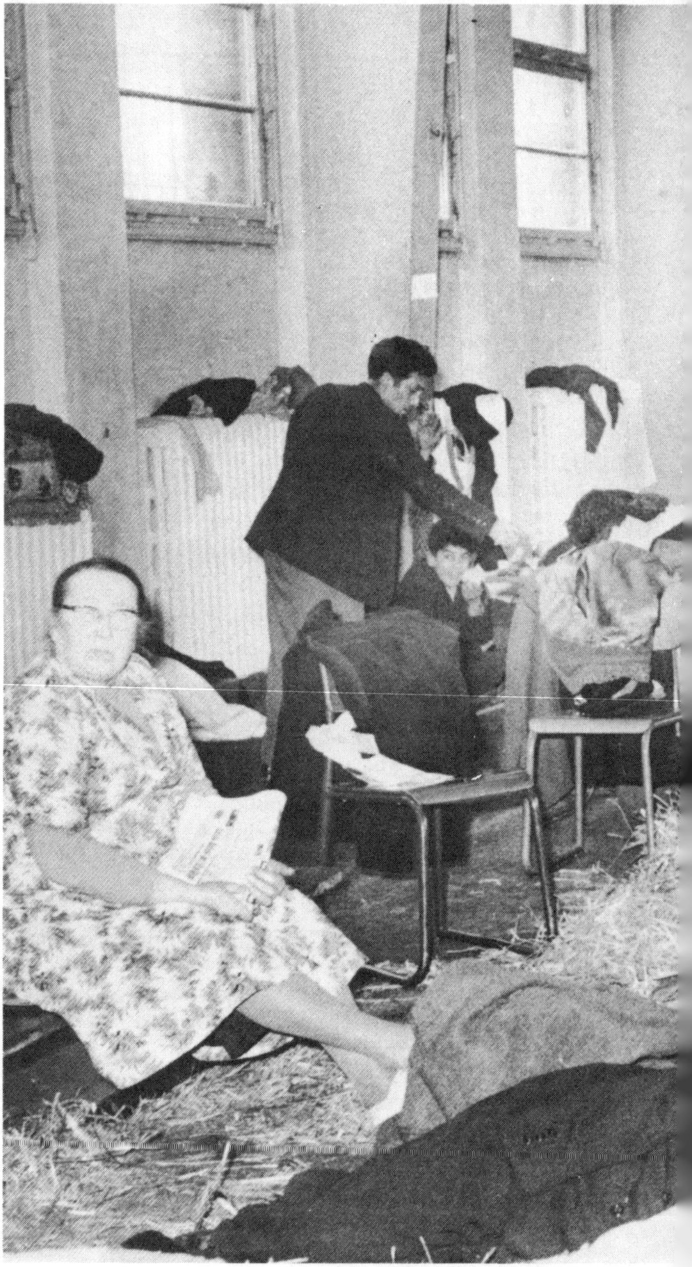

In der Turnhalle des Gymnasiums Alter Postweg in Harburg werden Obdachlose notdürftig untergebracht.

Eilers hatte schon vor dem Krieg im Wetterdienst gearbeitet. Damals gab es all die komplizierten Instrumente nicht – man sah auf das Barometer, steckte den Kopf zum Fenster hinaus und machte seine Vorhersage. Heute gab es viel Organisation, eine große Verwaltung. Die Außenstellen wurden immer bedeutungsloser. Hier in Cuxhaven waren sie noch zu viert, aber viele Wetterwarten an der „Front" konnten keinen Nachtdienst mehr machen, weil man bei ihnen die Planstelle einsparte, die man in der Zentrale neu schuf.

Endlich hatte Eilers einen Kerzenstummel gefunden. Er schützte die Flamme mit der Hand und stieg die feuchte Steintreppe hinunter. Im ersten Stock hatte das Hydrographische Institut Hamburg eine Zweigstelle. Aber die Tür war verschlossen. Hier arbeiteten nur zwei Mann – und sie hatten heute, wie an jedem anderen Tag auch, um halb fünf aufgehört.

Als Eilers ins Freie trat, brachten ihn die Böen fast zum Taumeln. Das Wasser kam über die Pieranlagen und stand schon auf der Straße. Er tastete sich an der Wand entlang in den Vorgarten, in dem die Instrumente standen. Sie waren von den Brechern zerknickt, zerbrochen.

Aus der Stadt kam der Heulton einer Sirene. Eilers ging wieder zurück. Es war ihm ein wenig unheimlich in dem kleinen Raum mit dem toten Telefon und dem Fernschreiber, der nicht mehr klapperte. Und er konnte nichts tun, niemanden warnen. Er war von diesem Augenblick an abgeschnitten von der Außenwelt.

Der Pegel von Cuxhaven liegt nur wenige hundert Meter von der Wetterstation am Alten Hafen entfernt. Die dunklen Fluten schossen am Seedeich entlang. Die Meßlatte war längst überflutet.

Durchnäßt und durchfroren stand hier ein Mann, der die Waffen nicht streckte: Mit einem Zollstock versuchte Oberbaurat Schubel wenigstens annähernd die Höhe des Wasser festzustellen. In der Nähe wartete ein Polizeifunkwagen in der Dunkelheit, um die so gemessenen Werte weiterzugeben.

Um 21 Uhr 40 winkte Schubel die Polizisten heran. „Neun Meter und siebzig", sagte er nur. Das waren 3 Meter 42 über Normal! Das Wasser stand also jetzt schon höher als bei der letzten schweren Sturmflut im Jahr 1825.

Minuten später lag die Meldung auf dem Tisch des Mannes, der vom Cuxhavener Polizeigebäude in der Karl-Friedrich-Straße aus den Einsatz leitete: Oberamtmann Günter Michel.

Auch hier war das Telefonnetz zusammengebrochen, aber die Meldungen erreichten die Zentrale über Polizeifunk: Die Deiche brachen an drei

Stellen. Wasser lief in die Straßen der Altstadt, drang in Keller und Häuser. Der Fischereihafen war überflutet. Der Zug, der um 22 Uhr 07 ankommen sollte, mußte auf freier Strecke halten; Wasser hatte den Schotter unter den Schienen weggespült. Aber Menschenleben kamen nicht in Gefahr. Die Bevölkerung war durch den Rundfunk rechtzeitig gewarnt worden:

„Für Cuxhaven besteht Deichbruchgefahr. Die Bevölkerung wird dringend gebeten, die oberen Stockwerke aufzusuchen. Sagen Sie bitte Ihren Nachbarn Bescheid."

Um 22 Uhr 13 kam eine neue Meldung vom Pegel: 10 Meter! 3 Meter 72 über Normal.

Um halb elf gab es in der Stadt keine Sandsäcke mehr: Immer wieder versuchte Oberamtmann Michel Hamburg zu erreichen, um Sandsäcke heranzuschaffen ...

Aber Cuxhaven überstand die größte Gefahr – die Flut hatte ein anderes Ziel.

Die Flut vernichtet ein Gestüt

Getrieben vom Sturm, wälzten sich die Wassermassen an den hohen Deichen entlang, denen das Land an der Niederelbe unterhalb Cuxhavens seinen Namen verdankt – Kehdingen. Das Wort bedeutet eingedeichtes Land.

Frühere Stürme und Fluten, das tägliche Steigen und Fallen des Flusses bei Ebbe und Flut hatten die Menschen, die hier lebten, gelehrt, sich vor dem Wasser zu schützen. Sie nahmen es gelassen hin, wenn das Land überschwemmt wurde, denn das Wasser zerstörte nicht nur – es trug auch fruchtbaren Schlick für Wiesen und Äcker heran. So lebten die Menschen hier ihr Leben. Stille, verschlossene Menschen, schweigsam im Glück und im Unglück.

Viele Bauern Kehdingens waren an diesem Abend in Drochtersen auf der 2. Jahreshauptversammlung des Kehdinger Pferdezuchtvereins.

Die Zucht von Pferden war eine Leidenschaft dieser Menschen. Kaum einer der Höfe mit den hohen Fachwerkgiebeln hatte vor dem Haus nicht eine Fohlenweide.

Um zehn Uhr kam jemand in den Saal gestürzt: „In Cuxhaven ist das Wasser drei Meter fünfzig aufgelaufen!" Es wurde nicht viel gesprochen. Sie wußten alle Bescheid. Die Versammlung stob auseinander.

Als Heinrich Heinsohn, Vorstandsmitglied des Freiburger Reitervereins und bekannt als Züchter, seinen Hof im Außendeichgelände bei Freiburg erreichte, stand das Wasser schon sechzig Zentimeter hoch. Im Wohnhaus waren seine Frau und seine Tochter dabei, Sachen aus dem Keller zu holen.

„Ich kümmere mich um die Tiere“, sagte er nur.

Er rannte über den Hof zum Stall. Ein abgerissener Ast flog durch die Luft. Der Himmel hatte eine unheimliche Farbe. Das Wasser überflutete den Hof, gepeitscht vom Wind.

Heinsohn konnte immer nur ein Tier hinüber ins Haus tragen. Die Ferkel schrien, als sollten sie abgeschlachtet werden. Wenn das Heulen des Windes nachließ, hörte man vom Stall her das unruhige Wiehern der Pferde.

Das nachdrängende Wasser riß ihn fast um, als er die Tür zum Pferdestall aufstemmte. Er atmete den warmen Geruch der Pferdeleiber ein. Dunkel standen die Tiere in ihren Boxen, mit spitzen, hochgestellten Ohren. Drei Stuten waren hochträchtig. Heinsohn watete von Box zu Box und befreite die Tiere von ihren Ketten, und dabei beschnupperten sie ihn mit ihrem heißen Atem. Aber das Wasser stieg unheimlich schnell. Es schwemmte die Futterkisten, Karren und das Stroh hoch.

Den Pferden hingen die Mähnen naß und strähnig um den Hals. Der Bauer schwamm zwischen den Boxen umher und beschwor die Tiere, auszuhalten. Aber das Wasser stieg weiter. Es erreichte die dunklen Tafeln, auf denen ihre Namen standen. Verzweifelt schwammen die Pferde. Es waren keine ängstlichen Tiere; sie kannten das Wasser. Oft hatte Heinsohn auf ihrem Rücken während des Hochwassers die weidenden Rinder hinter den schützenden Deich getrieben. Aber jetzt waren ihre große Augen weit aufgerissen vor Angst. Sie glänzten feucht.

Flora, die hellbraune Stute, die vierzehn Fohlen geboren hatte und wieder tragend war, war die erste, die sich nicht mehr wehrte. Sie ließ einfach den Kopf unter das Wasser sinken. Der gurgelnde Laut ging dem Bauern durch Mark und Bein. Das Wasser war bis unter das Dach gestiegen. Heinsohn klammerte sich an einen Balken.

Er rief wieder die Namen seiner Pferde, beschwörend: „Sterntaler! Grafenpracht! Fratz! Allele! Sabinchen! Dornröschen.“

Schweigen.

Nur aus zwei Boxen drehten sich zwei Köpfe und nickten ihm zu mit ihren großen, runden Augen. Er konnte jetzt nicht mehr länger warten: Er brach eine der Asbest-Wellblech-Platten aus dem Dach und zwängte sich ins Freie. Regungslos lag er auf dem Dach.

Unten im Stall war geisterhafte Stille. Er starrte hinunter zu der Fohlenweide unter den Bäumen, die sich im Sturm bogen, und dachte daran, daß die Weide in diesem Frühjahr leer bleiben würde.

Für Heinrich Heinsohn war in dieser Nacht ein Teil seiner Welt zusammengebrochen.

Wahllose Opfer

Menschen, die in einer Zeit leben, in der sie täglich in ihrer Zeitung von Toten lesen, mögen die Tragödien dieser Nacht für unbedeutende Unglücksfälle halten. Wer würde je vom Tod einer Frau wie Dora Slodowski erfahren? Sie lebte ganz in der Nähe des Heinsohnschen Hofes im Vordeichsland der Gemeinde Freiburg-Esch. Dort draußen hausen die Menschen noch in alten Bunkern. Die Elbe war im Krieg ein guter Wegweiser für die Bombengeschwader gewesen. Überall gibt es noch die alten Flakstellungen. In dem Haus Nr. 172, das zwischen zwei Bunkern lag, standen einst Motoren für Scheinwerfer, die den Himmel absuchten – jetzt lebte Dora Slodowski hier.

Sie hatte nur den Kopf geschüttelt, als ihr Nachbar kam und ihr sagte, sie solle über Nacht mit ihrem Kind doch lieber in den Bunker gehen. Es war das erstemal seit langem, daß Monika ruhiger schlief; der Atem ging nicht mehr so röchelnd. Und wenn die Frau die kleine Hand ergriff und über die Stirn des Kindes tastete, spürte sie nicht mehr die flammende Fieberhitze.

Vierzehn Tage lang hatte die acht Monate alte Monika mit einer schweren Lungenentzündung auf Leben und Tod gelegen. Tag und Nacht war die Mutter nicht von dem Kinderwagen mit dem Baby gewichen.

„Sie sollten selber mal ausschlafen“, hatte ihr der Arzt gesagt, „die Kleine ist jetzt über den Berg.“

Aber so war Dora Slodowski – eine Frau, bei der man sich fragte, woher sie die Kraft nahm, ihr Leben zu ertragen. Denn das Leben hatte alles getan, sie zu beugen und zu zermürben.

Sie stammte aus Pommern. Immer noch hatte sie etwas Bäuerliches an sich, den Gang, das Gesicht mit den breiten Wangenknochen. Sie hatte jung geheiratet – im Krieg. Als er zu Ende ging, war sie vierundzwanzig, und ihr Mann war gefallen. Sie stand allein da, mit vier Kindern. Sie hatte sie durchgebracht – niemand fragte, wie.

Niemand hörte sie je klagen. Nur die zwei senkrechten, kummervollen Falten um den Mund verrieten, wie oft sie die Lippen zusammengepreßt hatte in all diesen Jahren.

Ihre Kinder standen jetzt auf eigenen Füßen. Sie gingen ihre eigenen Wege – so mußte es auch sein. Aber sie war sehr allein. Und sie war erst vierzig und hatte Sehnsucht nach dem, was sie nie gehabt hatte: ein wenig Wärme, Zuneigung. Sie wollte nicht glauben, daß sie nicht das Recht haben sollte, noch darauf zu hoffen.

Damals hatte sie Luigi Lumbari kennengelernt. Die Leute hatten viel geredet. Ein Italiener! Sie sagten es so, daß man wußte, was sie meinten. Sie hatten nichts begriffen! Lumbari arbeitete in der Nähe. Er sprach nur gebrochen Deutsch. Oft war er hierher ans Wasser gekommen und saß einfach da, einsam wie sie. So hatte es angefangen.

Es hatte so geendet, daß die Leute nun sagen konnten: „Was hab' ich gesagt – ein Italiener! Natürlich!" Er war verschwunden, sobald er erfahren hatte, daß sie ein Kind von ihm bekam.

So hatte Dora Slodowski auch dafür bezahlt, wie sie immer bezahlt hatte. Die Leute würden nie verstehen, daß sie einen Augenblick geglaubt hatte, geliebt zu werden.

Das Kind war zwei Monate zu früh zur Welt gekommen. Die Mutter mußte sich zwei schweren Operationen unterziehen. Und sie hatte sich noch mehr in sich zurückgezogen.

Ob sie Angst vor dem Tod gehabt hat? Ein Nachbar erinnert sich an ihre Worte, wenige Tage zuvor: „Manchmal möchte ich mich hinsetzen, die Augen schließen und woanders aufwachen." Gewiß war nur, daß sie Angst vor dem Leben hatte – einem Leben in einer Welt, in der es für sie nichts gab als Teilnahmslosigkeit, Kälte und Intoleranz.

Niemals wird man erfahren, was sich in ihrem Häuschen abspielte, als die Welle zuschlug, aber wahrscheinlich ist, daß sie vor Erschöpfung neben dem Kind eingeschlafen war ...

Der Nachbar, Ernst Ahlf, war mit seiner Familie auf das Dach des Bunkers geklettert. Sie wurden Zeugen, wie das Wasser die dünne Mauer des Häuschens auf der einen Seite zerbrach, dort, wo das Wohnzimmer lag, und alles mit sich riß. Kurze Zeit darauf stand auch auf der anderen Seite keine Hauswand mehr. Im Heulen des Sturmes hörten sie einen Schrei.

Sie fanden Dora Slodowski, Kriegerwitwe, Stiefkind unserer Zeit, später im Weidengestrüpp am Deich. Der Kinderwagen wurde in dem Entwässerungsgraben, der am Haus vorbeifloß, gefunden – leer. Den Leichnam der kleinen Monika fand man erst eine Woche darauf draußen auf einer der Wiesen ...

Warum, fragten die Leute jetzt, mußte das geschehen? Warum wurden die einen gerettet? Warum starben andere?

Warum weigerte sich Jakob Barfells aus Lüne, Hausnummer 2, in dieser Nacht sein Haus zu verlassen?

Hier am Fluß, fünfzig Meter hinter dem großen Elbdeich, hatte er sein ganzes Leben verbracht ... Als das Wasser stieg, flehte ihn seine Tochter an, mitzukommen. Er schüttelte den Kopf, saß in seinem Stuhl in der Ecke, sah zum Fenster hinaus und sagte nur: „Das ist mein Haus, und hier will ich bleiben." Er war nicht zu bewegen, mitzugehen. Kein Reden half. So ließen sie ihn allein.

Leute am Deich hörten später Hilferufe aus dem Haus – aber da stand das Wasser schon so hoch, daß niemand mehr herankonnte ... Sie fanden ihn tags darauf, als sie zurückkamen, ertrunken.

Andere wiederum kamen ums Leben – *weil* sie flohen.

Wären die einunddreißigjährige Ilse Kölbel und ihr siebenjähriger Neffe Horst Feldmann in ihrem Haus geblieben, wäre ihnen nichts geschehen ... Das alte Ziegelhaus stand in Drochtersen, zweihundert Meter vor dem Außendeich. Um halb elf war der Fuhrunternehmer Fritz Koch zusammen mit dem alten Fischer John Hendelmann und dem dreiundsechzigjährigen Johannes Knob in einem flachen Kahn zu dem Haus hinausgefahren – ein gefährliches Unternehmen, denn die Strömung war tückisch.

Immer wieder wurden sie abgetrieben, aber endlich erreichten sie das Haus. Als auf ihr Rufen niemand antwortete, brachen sie die Tür auf und fuhren mit dem Kahn direkt ins Haus hinein. Aber die Frau und der Junge waren in panischer Angst geflohen.

Vom Haus führte ein hoher Damm zum Deich. Sie mußten versucht haben, über den Damm den Deich zu erreichen. Sie waren nicht weit gekommen.

Man fand beide zehn Meter von dem Haus, in dem ihnen, wären sie geblieben, nichts geschehen wäre ...

Und wieder schlug *Vincinette* zu – auf dem Hof der Familie Leidecker aus Götzdorf bei Bützfleth. Das Haus und die Scheune stehen dreihundert Meter hinter dem Deich, dort, wo sich eine Durchfahrt befindet. Sie war geschlossen worden, aber das Wasser trieb die Balken hoch, und so karrten die Bauern Mist heran und füllten die Lücke.

Die Gefahr am Deich war gebannt, als der Sturm große Bündel Reet vom Dach des Haupthauses riß und wegtrug. Der Sohn und der Vater holten eine Leiter, um sie auf das Dach zu drücken. Der Wind riß ihnen die Leiter fast von den Schultern. Der Sohn lehnte sie gegen das Dach. Er wollte gerade nach oben steigen, als sein Vater taumelte.

Der Sohn begriff zuerst nicht. Sein Vater brach zusammen. Der Junge starrte ihn an, hielt ihn in seinen Armen. Der Vater war tot. Gestorben am

Hamburg-Waltershof: Ein Junge sucht seine kleine Schwester. Der Vater liegt schwerverletzt im Krankenhaus, die Mutter kam in den Fluten um.

Herzschlag, an den Nachwirkungen der Anstrengung und Aufregung. Viele würden ihm noch folgen. Und bei jedem würde man fragen: Warum? Man würde es nicht verstehen.

Die Menschen konnten auch nicht verstehen, was in dieser Nacht mit Marie Wilhelmi geschah: Ihr Haus steht an einem moorigen Kanal unweit Basbeck, allein in einer eintönigen, trostlosen Gegend, in der man schwermütig werden kann.

Marie Wilhelmi hatte zweiundsechzig Jahre hier gelebt. Niemand kannte sie genau. Sie war ein Mensch, über den selbst die nächsten Nachbarn nichts zu sagen wußten als: ein älteres Fräulein in dunklen Kleidern.

Als das Wasser kam, sagte sie zu ihrer Schwägerin, die bei ihr war: „Was soll ich noch hier unten? Ich gehe nach oben, da ist es trocken.“ Sie sagte es ganz ruhig, stieg nach oben, als sei diese Flut ein Zeichen, auf das sie lange gewartet hatte.

Als die Schwägerin wenige Minuten später nach oben kam, hing Marie Wilhelmi am Fensterkreuz an einem der Stricke, mit denen sie ihre Kühe von der Weide geholt hatte.

Ihr Tod blieb so undurchdringlich wie ihr Leben . . .

Ausverkauf in Sandsäcken

Auf einer Länge von 120 Kilometern waren die Deiche Kehdingens angeschlagen. An über fünfzig Stellen waren sie bis zur Sohle gebrochen – bis weit ins Hinterland hinein war das Land zur Einöde erstarrt. So weit das Auge reichte – Wasser. Das Land war buchstäblich ertrunken.

Verloren standen Gehöfte in der Flut, Straßen waren aufgerissen. Das Land war übersät mit gebrochenen Telefonmasten, Gebälk, zersplitterten Möbeln – Trümmern und Kadavern. Erst der folgende Tag würde das ganze Ausmaß der Verwüstung offenbaren.

Jetzt bedeckte noch die Nacht die Narben und Wunden: Es war, als wolle der Sturm seinen Angriff auf die Zweimillionenstadt Hamburg geheimhalten. Bisher war es ihm gelungen. Das Telefonnetz brach zusammen! Polizeiwagen blieben im Wasser stecken!

Je komplizierter das Warnsystem war, das die Menschen sich ausgedacht hatten, um so leichter setzte es der Sturm schachmatt. Alarmsirenen streikten, weil der Strom ausfiel. Die Kirchenglocken läuteten nicht, denn die meisten hatten ein elektrisches Geläut; es gab kaum noch Dörfer, in denen sie von Hand geläutet wurden.

So drang kaum eine Warnung nach Hamburg durch. Im Gegenteil – man hoffte auf Hilfe von dort. Über Polizeifunk hatte man von Cuxhaven aus den Prokuristen der „Vereinigte Jute" in Hamburg-Billstedt aus dem Bett geklingelt. Cuxhaven kaufte von Hamburg 22000 Sandsäcke!

Von Cuxhaven waren in dieser Stunde die Inspektoren Storweck und Grondtner mit einem Volkswagen unterwegs nach Hamburg. Sie sollten den Transport der Sandsäcke überwachen.

Sie kamen an überschwemmte Straßen, fuhren Umwege. Immer wieder erfaßten die Scheinwerfer ihres Wagens ein Pferd, eine Kuh am Rand der Straße – tot, angeschwemmt, irgendwoher. Die beiden Männer schauderten, aber sie dachten nur an ihren Auftrag.

Die Cuxhavener Inspektoren waren nicht die einzigen, die in dieser Nacht unterwegs waren. Überall waren die Sandsäcke ausgegangen, und überall bemühte man sich, zu kaufen. Um jeden Preis.

Niemand – so schien es – dachte daran, daß die Zweimillionenstadt ihre Sandsäcke selber am dringendsten brauchen würde.

Der Mann zog die Prothese nach und stolperte vorwärts über die Schwellen, taumelnd unter der Wucht des Windes. Dort, wo die Industriebahn durch den Deich der Elbe hinaus zum Stader Sand führte, standen dunkle Gestalten.

„Wie steht es?" schrie Hans Schirmer, der Direktor der Stader Kraftwerke. Er mußte schreien, denn das Heulen des Sturmes war ohrenbetäubend.

Die Männer stützten sich auf ihre Schaufeln. Alle hatten die gleichen blassen, stoppelbärtigen Gesichter. „Hier draußen wird es langsam mulmig", sagte einer der Streckenwärter.

Schirmer humpelte ein paar Meter weiter. Er hatte im Krieg ein Bein verloren, aber er war nicht der Mann, sich von so etwas unterkriegen zu lassen. Im Licht seiner starken Stablampe sah er das Wasser zu beiden Seiten des Bahndamms. Gischt stob hoch und wehte ihm ins Gesicht. In der Ferne leuchteten rote Punkte auf – verschwanden und kamen wieder: die Beleuchtung der 200 Meter hohen Stahlmasten der Hochspannungsleitung über der Elbe.

Im nächsten Augenblick bemerkte Schirmer die Ratte. Im Lichtkegel seiner Lampe tauchte sie aus dem Dunkel auf, mit feuchtem, glänzendem Fell. Sie saß auf einer Schwelle, die spitze Schnauze hochgeschoben, und putzte sich mit den Vorderpfoten die gesträubten Barthaare. Als eine Welle den Damm überspülte, huschte sie davon ...

Schirmer leuchtete mit seiner Lampe das Wasser und den Bahnkörper ab: Ratten – zehn, zwanzig, fünfzig – sie waren nicht zu zählen. In langen Reihen schwammen sie heran, tauchten aus dem Wasser, schüttelten sich und flüchteten weiter über die Schwellen; mit sicherem Instinkt fanden sie den Weg zum Deich. Schirmer betrachtete sie mit einem Gefühl der Unruhe.

„Ratten“, sagte jemand hinter ihm, Ekel in der Stimme, „verdammte Biester. Totschlagen sollte man sie.“

„Wir können hier nichts mehr tun“, sagte Schirmer, „wir treffen uns in der ‚Symphonie‘.“

Die „Symphonie“ war ein bekanntes Ausflugslokal am rechten Ufer der Schwinge, die bei Stade in die Elbe mündet. Die Männer schulterten ihre Schaufeln. In einem Moment der Windstille hörte man einen dumpfen Böllerschuß. Schirmer horchte in die Dunkelheit.

„Das muß Atje sein“, sagte er, „er schießt seine Flutkanonen.“ Schirmer hielt die Hand in das Licht der Stablampe; auf seiner Uhr war es Punkt elf.

Sobald Atje Gleiss, der Hafenmeister von Stade, seine drei alten Vorderlader abgeschossen hatte, rannte er vor zum Fluttor am Alten Hafen. Eine Lampe baumelte an seiner Brust. Fieten Ranke, der siebzigjährige Rentner, der Tag und Nacht das Fluttor bewachte, kam aus seinem Häuschen. Einen Augenblick standen die beiden Männer stumm nebeneinander. Die Schatten der Schiffe im Hafen hoben sich im Mondlicht deutlich ab. Ein Schlepper tuckerte, als er eines der Schiffe von der Kaimauer wegzog.

„Mein Tor“, sagte der Alte, „wenn nur meinem Tor nichts passiert!“

Atje Gleiss richtete den Schein seiner Lampe auf die dunklen Bohlen. „Dein Tor wird heute in die Binsen gehen“, sagte er. Er leuchtete die Strichmarkierungen des Pegels an der Kante des Fluttores ab. Das dunkle Wasser stand bereits zwei Meter über dem Mittleren Hochwasser. Bei 2 Meter 50 hatte er die nächsten Warnschüsse abzugeben, und das Wasser stieg schnell.

Atje Gleiss rannte den Fluß entlang. Die Pappeln am Deich bogen sich tief im Wind. Seine Gummistiefel sanken in den nassen, schlammigen Boden. Er schloß den Bunker auf, griff sich die Pakete mit Schwarzpulver und rannte zurück ...

Der Hafenmeister Atje Gleiss schoß die Flutkanonen seit 1945 – es war bisher ein Spaß für ihn gewesen, einer jener wilden Späße, die er liebte und mit denen er, der alte Seemann, seine Sehnsucht stillte, die ihn immer wieder überkam, wenn er auf der Elbe die großen Schiffe fahren sah.

Kurz vor halb zwölf riß der Hafenmeister die Schwarzpulverpackungen auf und ließ das Pulver in die mit leuchtender Rostschutzfarbe gestrichenen Rohre der Flutkanone rieseln. Er strich ein Zündholz an; der Wind blies die Flamme aus, ehe die Zündschnur glimmte. Er versuchte es noch einmal, und dann kippte er einfach Pulver in die Zündlöcher und warf das flakkernde Streichholz auf das Pulver.

Ehe er sich abwenden konnte, spürte er den brennenden heißen Schmerz, der ihm das Gesicht verbrannte und die Haare wegsengte. Wie der alte Nelson, dachte er und war glücklich in diesem Augenblick.

„Da! Das war wieder Atje", sagte Schirmer. In der Gaststube der „Symphonie" klang der Böllerschuß des Hafenmeisters lauter als draußen im Sturm.

„Ein halber Meter in einer halben Stunde", sagte jemand.

„Das kann noch was geben heute nacht." Der Raum lag fast im Dunkeln. Ein paar Kerzen tropften ihr Wachs auf die hölzernen Tische, an denen einige Gäste saßen.

„Ihr geht zum Deich", sagte Schirmer seiner Truppe. „Ich versuche, in die Stadt zu kommen." Gerade, als er draußen zu seinem Wagen ging, kam ein Mann aus der Dunkelheit auf das langgestreckte rote Gebäude der „Symphonie" zugerannt. Er rang nach Atem, und erst langsam ergaben seine Worte einen Sinn: „... dort sitzen Leute auf den Dächern ..." Er deutete in die Dunkelheit, „... auf den Baracken ... alte Leute und eine schwangere Frau. Gibt es hier noch ein Telefon?"

Er bekam noch eine Verbindung mit der Polizei in Stade. Zwei Minuten später alarmierte ein Polizei-Hauptwachtmeister Pioniere der Bundeswehr. „Wir brauchen ein Schlauchboot", sagte er am Telefon, „und zwar schnell, sonst kommen wir zu spät. Es sind alte Leute und eine schwangere Frau ... An der ‚Symphonie' ... gut, machen wir, Sie bekommen einen Mann mit, der sich dort draußen auskennt ..." Er legte den Hörer auf und drehte sich in seinem Stuhl um.

Von draußen vernahm man die Sirenen eines Löschzugs. Die Hauptwache der Stader Polizei lag neben dem Gebäude der Feuerwehr.

„Die Pioniere kommen mit einem Boot", sagte der Hauptwachtmeister. „Jemand von uns muß mit." Er sah von Tisch zu Tisch. Der Mann, der am Fenster stand und dem Wagen der Feuerwehr nachsah, wandte sich um. Ohne die Pfeife aus dem Mund zu nehmen, sagte er: „Schickt mich mal mit. Ich kenne mich da ganz gut aus."

„Du, Franz?" fragte der Beamte. „Seit wann bist du überhaupt da? Hast du denn Dienst heute?"

„Ich hab' gehört, es werden Leute gebraucht", sagte der Mann am Fenster.

Franz Kersenbrock war ein Mann von dreiundfünfzig Jahren. Er war nicht sehr groß, aber vielleicht kam es nur daher, daß er sich etwas gebeugt hielt – die Haltung eines Mannes, der lange im Bergbau unter Tag gearbeitet hat. Auch sein Gesicht hatte das Schmächtige, Hagere eines Kumpels aus dem Kohlenpott. Wegen einer Staublunge hatte er umgesattelt und war zur Polizei gegangen. Er tat jetzt sechs Jahre in Stade Dienst. Jemand brachte eine Karte. „Hier ist es, diese Baracken bei der ‚Symphonie'."

„Ich kenne mich aus." Kersenbrock legte seine Pfeife auf den Tisch, als er sich den Mantel überzog. Jemand brachte eine Lampe.

Niemand in der Wache wußte in diesem Augenblick, daß sie Franz Kersenbrock zum letztenmal sahen – den Mann, der immer seine Pfeife ausgehen ließ, um zu sparen: für die Familie, für seinen Sohn, der studierte ... Kersenbrock verabschiedete sich. Draußen war ein Kübelwagen der Bundeswehr vorgefahren – mit drei Pionieren: dem vierundzwanzig Jahre alten Stabsunteroffizier Siegfried Klingenberg und den einundzwanzigjährigen Gefreiten Klaus Hinz und Wilhelm Hermanns.

Klingenberg würde sich später oft an diesen Augenblick erinnern und an den Tonfall, mit dem Kersenbrock in aller Ruhe sagte: „Mein Gott, jetzt habe ich meine Pfeife vergessen. Ohne Pfeife kann ich nicht losfahren."

Sie fuhren durch die Straßen von Stade. Menschen kamen ihnen entgegen – Männer mit in Decken eingemummten Kindern auf den Armen, erschreckte Frauen. In der Salztorstraße schoß ihnen bereits das Wasser entgegen. Aus der offenen Tür einer Bäckerei schwammen Brötchen heraus. Sie fuhren weiter, bis das dunkle Wasser an die Scheinwerfer reichte.

„Wir müssen es mit dem Boot versuchen", erklärte Kersenbrock. „Und wenn wir auf dem Wasser nicht weiterkommen, tragen wir das Boot über den Deich." Sie hoben das Boot vom Wagen, pumpten es auf und trugen es zum Hafen. Kersenbrock sah, daß Klingenberg humpelte. „Was ist denn mit Ihnen?"

„Ich habe mir ein Paar Stiefel geliehen – aber leider zwei Nummern zu groß. Ich hab' mir die Hacken durchgescheuert." Doch Klingenberg konnte nicht wissen, daß er mit dem Leben davonkommen würde, weil ihm die Stiefel zu groß waren.

Sie ließen das Boot ins Wasser gleiten und stiegen hinein. Die Flut hatte die Schiffe hoch emporgehoben; die vier paddelten schweigend an ihnen vorbei. Franz Kersenbrock kauerte ganz vorn im Boot, und von Zeit zu Zeit leuchtete er mit seiner Lampe den Deich am Ufer ab.

Die drei Soldaten tauchten ihre Paddel ins Wasser, ruhig und gleichmäßig, ohne den geringsten Gedanken an einen grausamen Tod. Sie alle drei gehörten zu jener Generation, deren Väter, als sie 1945 aus dem Krieg kamen, geschworen hatten, daß es für ihre Söhne eines nie wieder geben werde: Uniformen und Waffen ...

Siegfried Klingenberg war sieben Jahre alt, als der Krieg zu Ende ging. Klaus Hinz vier, Wilhelm Hermanns viereinhalb. Hinz war in Stettin geboren. Klingenberg stammte aus Danzig, Hermanns aus Castrop-Rauxel. Hermanns hatte als Maschinenschlosser im Bergbau gearbeitet. Hinz war Tischler, und er fuhr jedes freie Wochenende zu seinen Eltern nach Hamburg, wo Vater und Sohn an einem Haus in einem Vorort bauten.

Siegfried Klingenberg war auf dem Wasser groß geworden. Sein Vater war Binnenschiffer, Schlepperkapitän, und der Junge hatte seine Knabenjahre auf dem Deck eines 1000-Tonnen-Bootes zugebracht: Rotterdam – Basel, Berlin – Hamburg. Schulen gab es damals, nach 1945, für ihn nicht. Mit neun Jahren erst war er in die Schule für Schifferkinder bei Bethel gekommen, wo derselbe Lehrer, der sie rechnen und schreiben lehrte, auch im Tauchen unterrichtete. In vier Jahren hatte Klingenberg alle acht Klassen absolviert und war wieder zu seinem Vater auf den Schlepper zurückgekehrt ...

Die drei Pioniere paddelten immer noch schweigend, und Kersenbrock leuchtete die Ufer ab. Einmal sahen sie eine Gestalt in Gummistiefeln, eine Lampe auf der Brust – aber sie konnten nicht wissen, daß es der Hafenmeister war.

Kurz darauf geschah es, ein paar Minuten nachdem sie an den drei alten Flutkanonen vorbei waren. Sie spürten erst, daß etwas nicht stimmte, als das Boot auf der Stelle blieb. Sie paddelten mit aller Kraft, und das Wasser spritzte jetzt von den Blättern der Paddel hoch – aber sie kamen nicht weiter.

Als Klingenberg sich umdrehte, entdeckte er plötzlich einen milchigen, schäumenden Fleck – da, wo der Deich sein mußte, sah er nur einen breiten, schäumenden Wasserfall. Dann wurde ihm klar, daß der Deich gebrochen und ihr Boot in den Sog geraten war.

„Paddelt!“ schrie Klingenberg.

Die anderen drei schreckten zusammen. In ihren Gesichtern stand ein solcher Ausdruck des Entsetzens, daß Klingenberg sich selber erstarren fühlte. „Paddelt!“ schrie er wieder. Er peitschte sein kurzes Paddel in wilden Bewegungen durch das Wasser. Aber die reißende Strömung zog sie mit unheimlicher Gewalt in die Lücke im Deich.

An viel mehr erinnert Klingenberg sich nicht. Er hörte keinen Schrei. Als der reißende Strudel das Boot umwarf, sah er nur noch Hände, die sich verzweifelt an die Scheuerleine des Bootes klammerten, und dann ein letztesmal die auf- und abtauchenden Köpfe ... Einen Augenblick war er wie gelähmt, als die Dunkelheit sich über ihn senkte und das eisige Wasser in seine Lungen drang. Was ihn rettete, war vielleicht nur ein Instinkt, ein Gedanke: Die Stiefel ... die Stiefel müssen weg!

Er schaffte es, irgendwie, denn plötzlich spürte er, daß er von den Bleigewichten, die ihn nach unten zogen, befreit war. Er ließ sich treiben, bis er merkte, daß Äste ihm ins Gesicht schlugen. Er griff nach den Ästen, aber seine Wildlederhandschuhe waren glatt wie Seife, und die Äste glitten ihm aus der Hand. Dann fing ihn die breite Krone eines Baumes auf.

Er wurde gerettet. Als einziger. Die anderen ertranken: Franz Kersenbrock, der immer bereit gewesen war, für andere einzuspringen, und zwei einundzwanzigjährige Gefreite, aufgewachsen in einer Zeit, die die Schwüre der Väter längst vergessen hatte.

Der Deichbruch, der ihnen den Tod brachte – rettete die Menschen in der Stadt. Das Wasser strömte aus den Straßen durch die Lücke im Deich zurück in das weite, flache Land.

Atje Gleiss, der Hafenmeister, war beim Bunker, als der Deich brach. Er kam nicht mehr dazu, seine Flutkanonen ein drittes Mal abzufeuern. Das Wasser war auch über sie hinweggegangen.

Der gebrochene Deich
in Neuenfelde.

Halten die Deiche?

Draußen vor Stade – bei der Elbinsel Lühesand – waren die roten Warnlichter an der Hochspannungsleitung über der Elbe erloschen. In tiefen Bögen hingen die schweren Drähte von Mast zu Mast. Die Drähte waren weiß, überkrustet vom Salzgehalt der Luft.

Im fahlen Licht des Mondes wälzte sich der Strom darunterhin in meterhohen Wogen.

Das letzte Schiff – die 1461 BRT große „Falke" der Argo-Reederei – hatte die Stelle vor fünf Stunden passiert.

In Schulau saßen noch ein paar Gäste im Willkomm-Höft und starrten hinaus auf den schäumenden Strom. Die gläserne Kabine der Schiffsbegrüßungsanlage, in der die roten dicken Bände der Lloyd-Register lagen und die Schallplatten mit den Nationalhymnen aller Länder, stand leer. Von dem Flaggenmast am Ufer war die Hamburger Landesflagge mit der dreitürmigen Burg schon lange eingeholt.

Oberhalb von Schulau rückten die Ufer zusammen, die Elbe wurde schmal und teilte Hamburg: in das große steinerne Zentrum auf dem rechten Flußufer und in die von den Elbarmen umschlossenen Stadtteile jenseits der Elbbrücken mit ihren vielen Laubenkolonien.

Die Stadt lag dort, groß und schweigsam. Manchmal blitzte in den Straßen das Blaulicht eines Peterwagens wie Wetterleuchten auf. Die Geschäfte um die Binnenalster waren noch erleuchtet, aber kaum ein Mensch stand vor den strahlenden Auslagen. Die Straßen waren erfüllt vom Heulen des Sturms. Seine Kraft hatte noch zugenommen. Mit aller Wucht stürmte *Vincinette* in die Stadt.

Der Sturm hatte den Menschen Zeit gelassen. Er hatte ihnen eine Chance gegeben, sich gegen ihn zu wappnen. Aber die Menschen dieser Stadt glaubten sich sicher im Schutz ihrer Stadt. Niemand hatte eine wirkliche Vorstellung von der Gefahr, die drohte. Die Menschen lebten in einer Welt, die nicht mehr an Heimsuchungen glaubte. Sie verließen sich auf die, die es wissen mußten.

Aber auch die Wissenden waren nur Menschen. Auch ihre Phantasie reichte nicht aus, sich vorzustellen, welche Gewalt hinter *Vincinette* steckte . . .

Kurz nach 23 Uhr hatte sich Dr. Georg Koppmann vom Hamburger Hydrographischen Institut noch einmal im Seewetteramt die letzten Windmeldungen geben lassen. Würde der Sturm endlich nachlassen?

„Wir haben Böen mit elf und zwölf gemessen", berichtete Immler, der Meteorologe. „Die stärksten Böen, die wir je gemessen haben."

Vincinette schien alle ihre Kraft zu sammeln, um nunmehr endgültig von der Stadt Besitz zu ergreifen. Als Dr. Koppmann in den großen Arbeitsraum des Hydrographischen Instituts trat, klingelten noch immer die Telefone. Er trat an den Pegelschreiber. Der Pegel an der St.-Pauli-Landungsbrücke zeigte knapp 3 Meter über mittlerem Hochwasser. Um 23 Uhr 20 unterrichtete Dr. Koopmann das Wasserwirtschaftsamt darüber, daß das Nachthochwasser mit 3 Meter 50 auflaufen werden. Die erwartete Zeit: 3 Uhr 46.

Es war Aufgabe des Hydrographischen Instituts, die Diagnose zu stellen. Mit Sicherheitsmaßnahmen befaßte es sich nicht. Vielleicht war die Diagnose – 3 Meter 50 – zu vorsichtig. Es gab einige im Institut, die schon in dieser Stunde damit rechneten, daß die Flut 4 Meter hoch werden würde. Zwischen Besorgnis und Vertrauen entschieden sie sich dafür, Vertrauen zu haben. – Sturmflut! Das Wort schwebte in der Luft wie ein drohender Schatten.

Auch in der Zentrale der Hamburger Polizei, ganz in der Nähe des Hafens, am Karl-Muck-Platz, ahnte man die Gefahr. Um halb zwölf Uhr stand Polizeioberst Martin Leddin in der Funkzentrale vor dem riesigen Stadtplan mit seinen unzähligen Fähnchen; der Befehlsraum war das Gehirn der Polizei. Draußen vor dem Fenster lag der Platz menschenleer. Über St. Pauli stand ein heller, rötlicher Schein am Himmel.

Leddin, ein Mann mit sorgenvollen Augen, horchte kaum noch auf das Klingeln der zahllosen Telefone und die Stimmen der Männer, die antworteten. Seit dem Morgen waren alle achtzig Peterwagen pausenlos im Einsatz; abgedeckte Dächer, umgestürzte Bäume ... Der Sturm hielt sie in Atem, lenkte sie ab mit unwichtigen Dingen.

Ein Beamter stand bei jeder neuen Meldung auf und steckte das Fähnchen mit der Nummer des Funkstreifenwagens auf der Karte um. Eine Tür öffnete sich. Leddin wandte sich um.

Hauptkommissar Kordts kam herein, groß, schlank, mit leicht ergrautem Haar, ein ehemaliger Generalstäbler.

„Hat Czayka sich gemeldet?" fragte Leddin.

„Er ist auf dem Wasserwirtschaftsamt eingetroffen." Polizeioberkommissar Czayka war der Verbindungsmann, den die Polizei bei Alarmstufe drei abzustellen hatte.

„Und?" drängte Leddin.

„Noch nichts. Er ruft zurück ..."

„Telefonieren Sie noch mal mit ihm", entschied Leddin. „Ich will wissen, ob Gefahr droht, und wenn ja, wo. Vor allen Dingen: Was ist mit den Deichen? Halten sie! Wir können nichts tun, wenn wir nicht wissen, wo etwas passiert."

Kordts nickte und ging. Die Beamten bedienten weiter die Telefone, steckten die Fähnchen.

„Wenn ich gewußt hätte, daß Menschenleben in Gefahr waren ...", wird Polizeioberst Leddin später aussagen, „sicher hätten wir dann mit unseren Wagen die Menschen warnen, evakuieren können."

So mußte er warten. Es war wie bei einem Mord. Die Polizei konnte erst eingreifen, wenn er geschehen und gemeldet war. Von draußen kamen die dumpfen Schläge vom Turm der Michaelis-Kirche. Zwölf dumpfe Schläge, die sich in das Heulen des Sturmes mischten.

Leddin verließ den Befehlsraum. Die Tür zu Kordts Zimmer stand offen, und er sah ihn an seinem Schreibtisch, die Ellbogen auf den Tisch gestützt und den Hörer in der Hand. Leddin ging zu ihm hinein: „Czayka?"

Kordts sah auf. Er deckte die Sprechmuschel zu. „Ja ... er sagt, wenn es so bleibt, wird das Wasser fünfzig Zentimeter unter den Deichen stehenbleiben."

„Also keine Gefahr für die Deiche?"

Kordts sprach eine Weile. Wieder deckte er den Hörer ab. „Sie sagen, keine unbedingte Gefahr. Und wenn, dann lassen sich bestimmte Gefahrenpunkte keineswegs lokalisieren."

„Halten die Deiche, oder halten sie nicht?" fragte Leddin ungeduldig.

Kordts stellte ein paar Fragen. Dann legte er den Hörer auf. „Sie sagen, sie seien auch keine Hellseher."

Es waren nur noch vierzig Minuten, bis der erste Deich überspült wurde. Und weniger als eine Stunde, bis der erste brechen würde.

Bis auf das Zimmer des Pförtners lag die alte Villa in der Sophienterrasse im Dunkeln. Hier war die Standortkommandantur der Bundeswehr, in einem der teuersten Wohnviertel der Stadt, in Harvestehude.

Eine Zweizimmerwohnung kostete in dieser Gegend damals mindestens 250 Mark – der dreiundzwanzigjährige Leutnant, der in dieser Nacht Dienst tat, wußte es nur zu gut.

Karl-Heinz Gehringer schlief, als das Telefon in der Wachstube klingelte. Er richtete sich schlaftrunken auf. Er mußte sich erst besinnen, wo er war. Dann wurde ihm klar, daß es Freitag abend war und daß er eigentlich schon bei seiner Frau in Rendsburg hätte sein können, wenn er nicht für einen Freund den Wachdienst übernommen hätte. Er tastete nach der Lampe auf dem Stuhl, nahm den Hörer von einem der drei Apparate und merkte, daß ein anderer noch immer klingelte.

„Offizier vom Standortdienst, Leutnant Gehringer", meldete er sich.

„Kordts, Hauptkommissar der Schutzpolizei." Der Ton war kurz angebunden, knapp, und machte ihn sofort hellwach. Schon bei seinem Dienstantritt hatte man ihm gesagt, daß in dieser Nacht die Bundeswehr für Hilfsmaßnahmen benötigt werde, und er wußte, daß die Einheiten alarmiert waren.

„Wir haben jetzt eine Warnung von drei Meter fünfzig Hochwasser", sagte der Hauptkommissar. „Ich kann noch nicht mehr sagen im Augenblick. Aber Sie müssen damit rechnen, daß wir die Bundeswehr brauchen."

Gehringer sah auf die Uhr: fünf Minuten nach zwölf. „Wann?"

„Wahrscheinlich zwischen eins und drei. Wenn bis dahin nichts passiert, ist alles gutgegangen ... Wenn was passiert, dann hören Sie von mir."

Der Leutnant legte den Hörer zurück und setzte die Brille auf. Er hatte eigentlich Graphiker werden wollen, aber er war auf dem rechten Auge fast blind. Gehringer saß auf dem Bett und horchte nach draußen auf die Geräusche der Stadt; aber der Wind übertönte alles. Er zog sich an und holte die dick versiegelten gelben Umschläge, die man ihm ausgehändigt hatte: „Zu öffnen bei atomaren Angriffen."

„... bei bevorstehenden feindlichen Aggressionen."

„... bei bereits eingesetzten feindlichen Aggressionen."

Es gab kein Kuvert für eine Sturmflut. Gehringer nahm den dicken Wälzer mit den Dienstvorschriften. Er suchte im Register unter „K" – Katastropheneinsatz. Er schug die Seite auf: *Hochwasser.* Da stand es. Er nahm sich einen Zettel, notierte sich die Einheiten, die in diesem Fall zu benachrichtigen waren, die Telefonnummern.

Der Stadtplan hing an der Wand. Er hatte ihn im Kopf – durch Zufall, denn er war erst seit sechs Monaten in dieser Stadt. Er kannte Hamburg nur, weil er eine Wohnung suchte, aber 250 Mark für zwei Zimmer konnte er bei seinem Gehalt nicht bezahlen. Seine Frau wohnte in Rendsburg, 130 Kilometer von hier, in einem Zimmer, möbliert.

Er machte sich Notizen, welche Einheiten am nächsten bei den bedrohten Gebieten lagen. Im Augenblick konnte er nicht mehr tun. Die Einheiten selber waren alarmiert. Seit Stunden. Sie warteten – wie er.

Er starrte auf die schwarzen Telefone, als könnte er sie beschwören. Plötzlich packte ihn die Angst, daß die Apparate tot sein könnten. Er riß einen Hörer herunter – aber aus dem Hörer klang das helle Tut-tut. Er nahm seine Pfeife aus dem Etui, stopfte sie, legte sie auf den Tisch. Am Morgen würde sie noch immer da liegen; er würde nicht mehr dazu kommen, sie zu rauchen.

Hamburg-Wilhelmsburg:
Alles verloren – aber am Leben.

Ein Team, das nicht so leicht zu schlagen ist

Der Mann, der für die Stromversorgung der Millionenstadt die Verantwortung trug, war der Lastverteiler.

Ewald Lehmann war daher immer zu erreichen. Er hatte in seiner Wohnung in Langenhorn vier verschiedene Telefone. Er ging in kein Kino, machte keinen Besuch, ohne nicht vorher zu hinterlassen, wo er zu erreichen war. Er und seine Kollegen lagen praktisch immer auf der Lauer.

Als Ingenieur Hoppe in der Nacht aus dem Hochhaus der Hamburger Elektrizitätswerke anrief, wußte Lehmann sofort, daß der Sturm losgeschlagen hatte.

„Ost-Hannover ist ausgefallen", berichtete Hoppe. Das Kraftwerk lag an der Elbe. „Erdschlüsse im 110-Kilo-Volt-Freileitungsnetz. Wir haben die Sache noch nicht in der Hand."

„Ich komme", sagte Lehmann nur.

Fünfzehn Minuten nach dem Anruf betrat der Lastverteiler das Hochhaus der HEW am Gerhart-Hauptmann-Platz. Er nickte den andern zu und setzte sich in den Befehlsstand; vor ihm nahm das große Netzmodell die ganze Wand ein.

Es war noch verwirrender als die Instrumente in einer Flugzeugkanzel – aber bei jedem Lämpchen, das aufleuchtete, bei jedem Summton sah Lehmann im Geist die Fernleitung, durch die der Strom raste.

Sie waren eine Fabrik. Die Fabrik erzeugte Strom, ein schnelles, flüchtiges Produkt. Es war kaum geboren, da mußte es seine Arbeit schon getan haben. Die Aufgabe des Lastverteilers: Steuerung der Stromproduktion. Zuwenig und zuviel – beides bedeutete Verlust. Von ihm hing es ab, wieviel verdient – oder verloren wurde. Er mußte wissen, wann die Industrie ihre Maschinen einschaltete, er mußte aber auch die Menschen der Stadt kennen, ihre Art zu leben. Er mußte wissen, wann Hunderttausende von Frauen Kaffee kochten, welche Fernsehsendungen sie gern sahen, wann sie schlafen gingen und ... er mußte vor Stürmen auf der Hut sein.

„Was ist mit Ost-Hannover?" fragte Lehmann.

„Ein Transformator ist ausgefallen."

75 Millionen Watt weniger, rechnete sein Hirn. Nicht von Bedeutung. Nicht im Augenblick. Er wählte eine Nummer. Das Kraftwerk Wedel meldete sich. „Wie sieht es aus?"

„Das Wasser steigt immer noch auf Deubel komm raus. Es steht schon bei uns im Keller, aber noch schaffen wir es mit unseren Pumpen."

Er rief die Werke Neuhoff an, Schulau, Tiefstack, die alle an der Elbe lagen. Immer bekam er die gleiche Auskunft, und sein Gesicht wurde immer besorgter. Lehmann starrte auf das Netzmodell – aber in Wirklichkeit sah er wie in einem bösen Traum die Masten der Fernleitungen draußen im Sturm. Er sah, wie Wasser in Kabelschächte lief. Er sah all die schwachen Stellen in dem großen Netz.

Wieder wählte er eine Nummer. Wartete, bis die verschlafene Stimme des Lastverteilers der Preußen-Elektra in Niedersachsen sich meldete. „Tut mir leid, daß ich Sie aus dem Schlaf reiße", sagte Lehmann, „aber bei uns sieht es gefährlich aus. Hören Sie zu, Brockfeld: Können Sie zweihundert Millionen Watt für uns freistellen?"

„Was ist denn los, um Gottes willen?"

„Wir saufen ab, wenn das Wasser so weiter steigt. Wir erwarten Hochwasser gegen drei Uhr."

„Sie haben die Antwort in ein paar Minuten."

Alles war still im Raum – bis auf die akustischen Zeichen der Netztafel . . . Nach kurzer Zeit klingelte der Apparat. Es war der Lastverteiler der Preußen-Elektra. „Sie können die zweihundert Millionen Watt haben."

Lehmann notierte die Zeit. 24 Uhr 10. Einen Augenblick lehnte er sich erleichtert zurück in seinen Stuhl. Er sah die anderen Ingenieure, ihre ernsten Gesichter. Und in Gedanken sah er die Gesichter der Männer in den Kraftwerken und bei den Bautrupps. Sie waren ein Team, das von keinem Sturm so leicht zu schlagen war.

Er konnte in diesem Augenblick nicht wissen, daß sie den Kampf verlieren würden. In der entscheidenden Stunde würde die Stadt ohne Licht und Strom sein . . .

Was Hamburg in dieser Nacht brauchte, war ein Mann, der Mut hatte, Entscheidungen zu treffen. Einer, der klar sagte, was die einzelnen Behörden – jede für sich – erkannt hatten: Es gibt eine Katastrophe! Aber in der Stadt der zwei Millionen fand sich dieser Mann nicht. So standen die Retter bereit – aber viele Opfer schliefen ahnungslos.

Die Straßen der Stadt lagen verödet. Sturm beherrschte sie nun ganz. Der Wind wirbelte Staub- und Papierwolken auf und trieb sie gegen die wenigen Menschen, die vornübergeneigt durch die Straßen eilten.

Von den beiden großen Hotels an der Alster flatterten noch immer die Fahnen. Im Hotel „Vier Jahreszeiten" saß Philip King, Lebensmittelgroßhändler aus Minnesota, in seinem Zimmer und hieb ärgerlich auf die Telefongabel: „Wann bekomme ich endlich meine Verbindung?"

„Sorry, Mr. King. Ich versuche es seit einer Viertelstunde. Ich tue alles, aber ich kann Wilhelmsburg nicht erreichen."

Im Hotel „Atlantik" spielten noch immer die vier Kapellen zum Juristenball. Mehr als tausend Menschen tanzten und saßen in den Sälen des Hotels.

Über St. Pauli stand noch immer der rötliche Widerschein. In den Lokalen hatte man gehört, daß der Hafen überschwemmt wurde. Viele eilten zu ihren Autos und den Taxiständen. „Zum Hafen!" Taxi um Taxi fuhr über die Davidsstraße zu den Landungsbrücken, lud die Passagiere aus und fuhr zurück, um die nächsten Neugierigen zu holen.

In dem dunklen Hafen standen sie und amüsierten sich königlich. Die weit auseinander stehenden Lampen warfen ihren schaukelnden Lichtschein auf die Elbe. Ölig schimmerten die Wogen, die sich langsam hoben und senkten. Die Luft war erfüllt vom Brausen des Wassers und des Windes. Die Menschen bestaunten die Wassermassen. Sie standen da zu Hunderten, fröhlich lachend.

Auf der anderen Seite des Flusses, kaum tausend Meter von ihnen entfernt – in den Gebieten südlich der Elbe, in Neuenfelde, Waltershof, Finkenwerder und vor allem im Stadtteil Wilhelmsburg – schwebten in diesen Minuten Hunderte von Menschen in höchster Lebensgefahr.

Der Wettlauf hat begonnen

Der Volkswagen hielt am Ende der einsamen Straße. Eine Gaslaterne warf ihr gelbes, trübes Licht auf das regennasse Kopfsteinpflaster. Zwei Männer stiegen aus.

„Wenden Sie schon mal, Peters", sagte der eine zu dem Fahrer des Volkswagens.

Ein paar Behelfsheime und alte Fischerhäuser standen in der verlassenen Gegend. Im Neuhofer Seeschiffskanal lagen dunkel einige Kähne.

Während der Fahrer den Wagen wendete, gingen die beiden Männer, die Hände in den Taschen ihrer Regenmäntel, zu der schwach erleuchteten Kneipe. An der grauen Wand hingen ein paar Reklameschilder. Die Beleuchtung im Inneren war schwach und trübe. Drei Männer mit Schiffermützen saßen an der Theke und würfelten. Der Wirt spielte mit. Er hielt den ledernen Becher in der Hand. Hinter ihm auf einem alten, braunen Büfett stand ein Grammophon. Die Platte war abgespielt, und der Tonarm leierte hin und her.

Regierungsinspektor Wilhelm zog seinen Ausweis. „Jugendschutzkontrolle", sagte er. Dies war der Freitagabend, der Tag, an dem das Ortsamt Hamburg-Wilhelmsburg seine Kontrollen besonders streng durchführte. Der Wirt in seinem dunkelblauen Pullover zuckte die Achseln. Er warf die Würfel. Sie fielen mit einem klirrenden Geräusch zwischen die vier Gläser.

In einer Ecke neben dem Ofen döste ein Mann vor sich hin. Auf einem alten, durchgesessenen Sofa saßen ein junger Bursche und ein Mädchen mit einem Haarturm wie ein Bienenkorb. Der Inspektor war zu ihnen an den Tisch getreten. „Ihre Ausweise, bitte."

In diesem Augenblick kam der Fahrer herein. „Kommen Sie schnell!" Seine Stimme klang so beschwörend, daß die Inspektoren ihm ohne ein Wort folgten.

Sie stolperten über ein paar Sandhaufen bis zu der sanft ansteigenden Böschung des Köhlbranddeiches an der Südelbe. Und dann sahen sie es: Wasser überflutete den Deich. Es lief ganz sachte über die Deichkrone und suchte sich dann seinen Weg in schmalen Rinnsalen.

Der Wind heulte. Sonst war alles unheimlich still und wie erstarrt. Aus der Kneipe kam plötzlich Musik: „Twist, Twist. Everybody loves Twist, Twist!" In einem der dunklen Häuser ging das Licht an. Ein Fenster öffnete sich, und jemand beugte sich heraus. „Kann man denn nicht in Ruhe schlafen!" schimpfte eine Frau.

Der Inspektor war in die Kneipe zurückgelaufen. „Haben Sie Telefon?" Der Wirt holte den Apparat unter der Theke hervor. Der junge Bursche hatte bezahlt und verschwand mit seinem Mädchen. Die Platte spielte noch immer.

Inspektor Wilhelm wählte eine Nummer, beugte sich über die Theke und nahm den Tonarm von der Platte. Es gab ein kratzendes Geräusch. Der Wirt sah ihn ärgerlich an.

„Herr Westphal?" sagte der Inspektor, „ja, hier Wilhelm ... Hier kommt das Wasser über den Deich ... Am Köhlbranddeich ... in einer Kneipe. Vulkastraße ... Nein, nicht schlimm, aber es kommt rüber ... Gut, wir holen Sie ab."

„Wasser? Über den Deich?" Der Wirt kam hinter seiner Theke hervor und starrte auf die Pantoffeln an seinen Füßen. „Komm, komm, Hector", sagte einer der Männer vor der Theke, „jetzt wird nicht gekniffen!" Er drückte dem Wirt den Würfelbecher in die Hand. „Ich will erst eine Revanche."

Später würde man feststellen, daß die Regierungsinspektoren Wilhelm und Mahnke am Köhlbranddeich die erste Überflutung eines der Wilhelmsburger Deiche festgestellt hatten. Die Zeit: 0 Uhr 04. Aber weder sie noch die anderen, die zur gleichen Zeit und an anderen Stellen mit Besorgnis das Steigen des Wassers beobachteten, ahnten, daß in diesen Minuten der Wettlauf mit dem Tod begonnen hatte.

Ortsamtsleiter Hermann Westphal wohnte in einem der Hochhäuser im dichtbesiedelten Stadtzentrum von Wilhelmsburg. Die Wohnung lag im 11. Stockwerk. Westphal hatte sich nach dem Anruf sofort angezogen. In Gummistiefeln, Manchesterhose und Lodenmantel stand er vor dem breiten Fenster, ein großer, hagerer Mann von neunundvierzig Jahren mit einem sommersprossigen Gesicht und hellen, wachen Augen.

Der Sturm fauchte um das Haus. Westphal sah nur wenige Lichter. Er betrachtete die schlafende Stadt voller Unruhe. Noch nie war ihm so zum Bewußtsein gekommen, daß sie auf einer von zwei Elbarmen umschlossenen Insel lebten.

Die Bewohner hatten den Boden im Urstromtal der Elbe in Jahrhunderten nach und nach dem Wasser abgerungen; vielleicht rührte daher die besondere Liebe der Menschen zu ihrem Land. Westphal wußte, daß man Wilhelmsburg „drüben" in Hamburg gern über die Schulter ansah – „Klein-Warschau", wie es manche auch nannten; wegen der vielen Arbeiter, die zur Zeit der Industrialisierung vor rund hundert Jahren aus dem Osten hierhergekommen waren. Aber Westphal kannte die Menschen; er wußte, wie sie an diesem Fleck Erde hingen: „Wo Vadder de Mütz' hingehangt hett", sagten die alten Wilhelmsburger, „nimmt der Jung se nich wedder wech."

Westphal sah unruhig auf die Uhr. Dann wandte er sich vom Fenster ab und verließ die Wohnung. Als der Lift mit leisem Summton die Stockwerke hinunterschwebte, wußte er noch nicht, wie wenig Zeit blieb, die Menschen zu warnen.

Vor dem Haus wartete der VW mit Inspektor Wilhelm. „Zum Polizeirevier", sagte Westphal.

Das 70. Polizeirevier in Wilhelmsburg ist das modernste von ganz Hamburg. Das Gebäude an der Ecke Georg-Wilhelm- und Rotenhäuserstraße sieht aus wie eine amerikanische Botschaft. Westphal fand die Beamten fast alle in der Funkzentrale. Die Nachrichten waren schlimmer, als er erwartet hatte: Der Funkstreifenwagen 70-1 hatte die Überflutung des Köhlbranddeiches gemeldet. Peterwagen 70-2 meldete, daß der Sturm das Wasser von Westen her über den Reiherstieg-Deich drückte; es lief bereits in die tiefgelegenen Gartenkolonien.

„Ich bin die Deiche heute abend abgefahren", sagte Hauptkommissar Hoffmann. „Sie sind gut und sicher ..."

Unterspülter Bahndamm in
Hamburg-Wilhelmsburg.

Mit ungeheurer Kraft schleuderte die Sturmflut dieses Schiff auf den
Deich bei St. Margarethen an der Unterelbe.

Wieder kam eine Meldung. Westphal hörte nur mit halbem Ohr hin, er hatte nur einen Gedanken: die Schlafenden zu warnen, sie zu beschwören, ihre Behelfsheime und Schrebergartenhäuschen zu verlassen. „Geben Sie mir einen Funkstreifenwagen", sagte er, „wir könnten versuchen, die Leute mit dem Lautsprecher zu warnen."

„Ich habe drei Wagen", sagte der Hauptkommissar. „Drei Wagen für ganz Wilhelmsburg. Wo wollen Sie anfangen? Mit drei Wagen!"

„Irgendwo." Sie waren an die Karte getreten. „Hier, im Norden." Westphal zeigte auf die Gartensiedlung. „Wir müssen es versuchen." Wieder läutete das Telefon. „Peter 70-3 ist zurück", sagte ein Beamter. Der Hauptkommissar sah Westphal an. „Versuchen Sie Ihr Glück", sagte er.

Peter 70-3 stand vor dem Revier. Hauptwachtmeister Siodmok wartete am geöffneten Schlag, und der Fahrer saß schon hinter dem Steuer. Bevor Westphal in den Funkstreifenwagen stieg, sagte er zu Inspektor Wilhelm: „Fahren Sie die Schulen ab. Holen Sie die Hausmeister aus den Betten. Sie sollen die Schulen aufschließen und überall Licht machen ... Wir treffen uns dann am Rathaus."

Der Fahrer des Funkstreifenwagens hatte das Blaulicht eingeschaltet. Westphal setzte sich in den Fond und starrte über die Schultern der beiden Polizisten hinweg auf die Straße. Sie fuhren nach Norden, auf der Georg-Wilhelm-Straße, der alten Heerstraße Napoleons.

Schwere Wolken hatten sich vor den Mond geschoben, und der Sturm schleuderte den Regen gegen die Scheiben. An der Brücke über den Ernst-August-Kanal torkelte ein Mann auf sie zu. Der Fahrer bremste scharf, und als Westphal ausstieg, sank der Mann über dem Kühler zusammen. Westphal hob ihn hoch, der Mann grinste betrunken und trokelte dann weiter; sie hörten ihn lallend vor sich hinsingen. In der verlassenen Tankstelle flakkerte der defekte Stab einer Neonröhre.

Siodmok hatte das Mikrofon genommen. Westphal deutete auf den Weg, der entlang des Kanals an den Kleingartenkolonien „Alte Landesgrenze" und „Ameise" vorbeiführte. „Halten Sie alle fünfzig Meter", sagte er. Er lief hinunter zu den kleinen Holzbuden, die im Dunkeln lagen.

„Achtung! Achtung! Hier spricht die Polizei! Räumen Sie die Kleingartenkolonie! Es besteht Hochwassergefahr!" Die Stimme des Lautsprechers drang kaum durch den heulenden Sturm. Westphal rannte von Haus zu Haus. Er rüttelte an den Türen, klopfte an Fensterscheiben. Manchmal blieb er stehen und sah den Wagen oben am Honartsdeicher Weg halten und seine Warnung in den Wind schreien. Dann rannte Westphal weiter.

An manchen Stellen stand das Wasser kniehoch. Lichter gingen in den Holzbuden an. Hunde bellten in die Nacht. Er hämmerte gegen Türen und schlug, wenn sich nichts rührte, Fensterscheiben ein. „Raus! Ihr müßt hier sofort raus!“ Alte Frauen starrten ihn erschrocken an. Andere schimpften: „Kümmern Sie sich um Ihre eigenen Angelegenheiten ...“

Er hastete weiter, wie besessen von seiner Aufgabe. Aber selbst er rechnete in diesem Augenblick nicht damit, daß gerade hier der große, entscheidende Deichbruch passieren würde, der die meisten Todesopfer forderte.

Das „Berliner Ufer“, das den Norden Wilhelmsburgs gegen den Spreehafen abschloß, war für die dort Wohnenden eine Grenze – kein Deich. Der auf der Krone dreißig Meter breite Damm war von der Stadt an Kleingarten- und Behelfsheimbesitzer verpachtet. Sie hatten die Deichkronen beakkert. Sie hatten dort Bäume gepflanzt, Komposthaufen angelegt. Hühnerställe standen dort; selbst Häuser, deren Besitzer darunter ohne langes Nachdenken Keller ausgehoben hatten. Im letzten Jahr war auf der Innenkante des Deiches eine Gasleitung verlegt worden. Die Menschen hatten längst vergessen, daß sie immer noch auf und hinter einem Deich wohnten, der sie schützen sollte ...

Das Wasser fand bald die schwachen Stellen. Der Sturm trieb die Wellen gegen den Damm, jagte sie sprühend darüber hinweg. Das Wasser spülte um die Wurzeln der Bäume und nagte an der lockeren Erde. Noch hielt der Deich, aber hinter ihm staute sich die Flut. Immer höher und höher.

Es war kurz vor zwei Uhr, als das 70. Polizeirevier den Funkstreifenwagen 70-3 dringend zurückrief. Er sollte Einheiten der Bundeswehr an der Autobahnausfahrt Stillhorn treffen und nach Wilhelmsburg einweisen.

Kurz nach zwei Uhr setzte Hauptwachtmeister Siodmok den Ortsamtsleiter Westphal am Rathaus von Wilhemsburg ab. Das Gebäude war hell erleuchtet; draußen stand der VW mit Inspektor Wilhelm und Peters, dem Fahrer. Sie hatten versucht, mit Hamburg zu telefonieren, aber alle Verbindungen schienen abgerissen.

„Wir können nichts anderes tun“, entschloß sich Westphal, „wir müssen zurück zum Polizeirevier.“

Sie waren kaum fünf Minuten gefahren, als ihnen ein reißender, dunkler Strom entgegenkam. „Zurück!“ schrie Westphal, und Peters gelang es, den Wagen zu wenden, ehe die Flutwelle sie erreichte.

Die drei Männer sahen sich an, als könnten sie nicht ganz begreifen, was geschehen war: Irgendwo war der Deich gebrochen!

Plötzlich hörten sie vor sich die Sirenen von Kirchdorf. Sie fuhren dem

Klang nach. Die Gegend wurde ländlicher. Die Straßen lagen leer vor ihnen. Die Häuser waren dunkel und friedlich.

„Da ist der Wagen", sagte Westphal, „fahren Sie ihm nach." Sie sahen das Feuerwehrauto und die Männer mit den Helmen. Bei der Schule an der Neuenfelder Straße überholten sie den Wagen. Die Feuerwehrleute sprangen ab, rissen die Schläuche vom Wagen und suchten nach einem Hydranten. Westphal war zu dem Feuerwehrauto gelaufen. „Was ist denn?" fragte er.

„Es soll hier brennen! Die alte Schule soll brennen!"

Jetzt erst sah Westphal den rötlichen Feuerschein. Der ganze Himmel im Westen und Norden war eine riesige, glutrote Wand. Es sah aus, als brenne eine große Lagerhalle.

Westphal starrte in den Feuerschein, bis er die einzelnen, züngelnden Flammen unterscheiden konnte.

„Hier brennt es nirgends", sagte er. „Die Gaswerke löschen ihr Gas. Sie haben keinen Strom mehr, um das Gas aus der Leitung zu pressen."

Noch immer heulten die Sirenen über ihren Köpfen.

„Sie warnen vor Hochwasser!" schrie Westphal.

„Hochwasser?" sagte der Mann ungläubig.

„Begreifen Sie doch! Die Deiche brechen!" Einen Augenblick lang fühlte er sich todmüde und verzweifelt, als er das ungläubige und abwehrende Gesicht des Mannes sah. „Wir fahren zur Süderelbe", entschied Westphal, „und sehen dort nach den Deichen."

Als sie am Pfarrhaus neben der Kirche vorbeifuhren, sahen sie einen Mann, der, nur in einen Bademantel gehüllt, mit bloßen Füßen unter der Tür stand.

Tödlicher Irrtum in Kirchdorf

Der sechzigjährige Pastor der Kirchdorfer Gemeinde, Paul Barg, war von den Sirenen geweckt worden. Auch Barg glaubte an Feueralarm. Aber als er die Menschen in ihre Häuser zurückgehen sah, war er beruhigt. Wie sich später herausstellte, glaubten wirklich die meisten, die Sirenen bedeuteten Brand.

Paul Barg war seit zehn Jahren Pastor der Gemeinde. Es war eine große Gemeinde, fast zehntausend Menschen gehörten zu ihr; er selbst hatte eine große Familie, fünf Jungen und vier Mädchen. Das Pfarrhaus, die Kirche und der Friedhof lagen erhöht, auf einer Warft. Es war eine noch ganz ländliche Gegend; Hasen und Rehe kamen bis in den Garten hinter dem Pfarrhaus.

Barg fand keinen Schlaf mehr. Er zog sich an: die Gummistiefel – er war ein passionierter Angler –, den Lodenmantel und die alte lederne Autokappe. Er ging leise in das Zimmer seines ältesten Sohnes. Gotthard schlief, aber wie so oft stand neben seinem Bett noch das eingeschaltete Radio. Hamburg sendete Musik. Einen Augenblick zögerte der Pastor, dann ging er nach draußen.

Vom Pfarrhaus bis zu den Deichen an der Süderelbe waren es kaum zehn Minuten Weg. Der Nord-West schob den Pastor vor sich her. In der Gaststätte Hopp war gerade der Tanz zu Ende. Eine Kolonne von Autos kam ihm entgegen, hupend und lärmend.

Er ging weiter. Der Mond war verdeckt von düsteren Wolken. Der Pastor fühlte, wie der Boden unter seinen Füßen naß und glitschig wurde, je näher er zum Deich kam. Plötzlich sah er in der Dunkelheit das schaukelnde Licht einer Sturmlaterne. Ein zehnjähriger Junge trug sie. Hinter ihm trotteten Kühe. Dann kam ein Mann. Der Pastor erkannte den Bauern Riege, einen der Bauern, deren Höfe hinter dem Finkenrieder Deich lagen.

„Der Deich läuft über!“ berichtete der Bauer.

Der Pastor ging schneller. Dann war er am Deich. Als der Mond für Augenblicke durch eine Wolkenlücke schien, sah er das Wasser der Süderelbe bis hoch an die Krone des Deiches stehen, und dort, wo im Vorgelände die alte Wasserburg sein mußte, ragte nur noch das reetgedeckte Dach aus dem glitzernden See. Plötzlich hörte Pastor Barg ein Rauschen. Kaum hundert Meter vor ihm brach der Deich. Eine schäumende Flut weißen Wassers stürzte ins Land, riesig, wild, unberechenbar.

Pastor Barg rannte zurück. Die Wege waren jetzt voller flüchtender Menschen. Später stand er vor dem Portal der Kirche. Die Küsterin hatte es aufgeschlossen. Verstörte Menschen flüchteten in das Gotteshaus. Sie kamen zu Hunderten. Das Entsetzen stand noch auf ihren Gesichtern.

Bald war die Kirche voller Menschen. Wenn neue hereinkamen, flackerten die wenigen Kerzen im Luftzug. Die Menschen saßen stumm in den Bänken, und als diese nicht mehr ausreichten, kauerten sie sich auf den Boden, den Gang und die Stufen vor dem Altar. Einige beteten. Es waren fast siebenhundert – es waren mehr, als zu den Gottesdiensten kamen.

Der Pastor stand noch immer am Portal, in seinem Lodenmantel, der ledernen Autokappe. Er kannte die meisten beim Namen. Aber er sah auch Gesichter, die ihm fremd waren. Und einige, nach denen er fragte, würde er nie wiedersehen.

Die vierzehnjährige Margret Thews hatte Pastor Barg noch an diesem Nachmittag im Konfirmandenunterricht gesehen. Sie war seine beste Konfirmandin und der ganze Stolz ihrer Eltern.

Der Vater würde ihm später berichten, was geschehen war, noch mit zitternder Stimme und voller Selbstanklage: Die Eltern waren erst aufgewacht, als die Flut donnernd in ihr kleines Holzhaus brach. Das Wasser stieg so schnell, daß der Mann die Tür zu dem Nebenraum, in dem die vierzehnjährige Margret schlief, nicht mehr aufbrachte. Sie hörten das Kind gegen die Wand klopfen. Der Vater wurde weiß im Gesicht, seine Knie zitterten. Dann besann er sich: Er war Schlosser, ein kräftiger Mann; er packte den eisernen Ofen und schlug damit ein Loch in die Wand.

Dann sahen sie ihre Tochter, das blasse, schmale Gesicht. Und das Grausame geschah: Der Mann ergriff die Hände der Tochter und versuchte, sie durch das Loch zu ziehen; aber es war nicht groß genug. Sie blieb stecken, hilflos eingeklemmt. Er wußte nicht, was er tun sollte. Er stand da, unbeweglich und wie gelähmt vor Angst. Hinter ihm schrie seine Frau: „Mein Gott!"

Er zog an den Händen des Kindes, das ruhig war und zu lächeln versuchte, mit schmerzverzerrtem Gesicht. Das Wasser stieg und stieg, und wenn die Eltern nicht selber sterben wollten, mußten sie das Haus verlassen.

Sie wurden gerettet. Aber ihr Kind war tot. Die Ärzte stellten später fest, daß Margret Thews einen Herzschlag erlitten hatte. Der Vater schrie seinen Rettern entgegen: „Ich, ich habe sie getötet!"

Als die reißende Strömung in das Haus der Familie Arnsberg in der Gartenkolonie Brummerkaten einbrach, hatte der Vater sich voller Panik in die Krone eines Baumes gerettet, während die Frau mit ihren Kindern noch im Haus war. Die Frau hielt eines der Kinder im Arm und ihr neunzehnjähriger Sohn die beiden anderen Geschwister.

„Ich schaffe es nicht", sagte die Frau mutlos zu ihrem Sohn. „Geh allein." Der Sohn flehte sie an: „Wir kommen durch . . . bitte . . . bitte, laß es uns versuchen!"

Sie schüttelte den Kopf und drückte das Kind fester an sich. Der Sohn hatte Tränen in den Augen; er weinte vor Ohnmacht und Zorn, und immer wieder sagte er wie eine Beschwörungsformel: „Wir schaffen es, wir kommen durch. Bitte, laß es uns versuchen."

Er ging voran durch das Wasser, das ihm bis zum Hals reichte. Die Mutter folgte ihm, zögernd, aber sie folgte, und sie sah dabei zu den Bäumen, in denen ihr Mann saß.

Die Besonnenheit des Sohnes rettete sie, aber als sie durch das Wasser wateten, drangen aus der Holzbaracke neben ihnen die Verzweiflungsschreie der Eltern der Frau. Die Schreie gellten ihnen in den Ohren, und sie konnten nichts tun; die beiden Alten starben allein in ihrem Haus. Aber auch der Mann, der sich zunächst auf einen Baum gerettet hatte, wurde später nur noch tot gefunden.

In derselben Schrebergartenkolonie wohnte die Familie Kern. Das Wasser stand erst vierzig Zentimeter hoch, als sie aufwachten. Sie hatten noch Zeit, sich anzuziehen. Aber als sie das Haus verlassen wollten, weigerte sich der Großvater, mitzugehen.

Er war ein Mann von fast neunzig Jahren. „Ich bleib' hier", sagte er bestimmt. „Geht, holt euch nur nasse Füße. Ich warte hier, bis ihr zurückkommt." Er war auf den Tisch geklettert. „Vielleicht hat er recht", sagte der Mann, der selbst über fünfzig war und schwer herzleidend.

„Wir gehen", sagte die Frau, eine besonnene, robuste Frau. Sie versuchten nicht mehr, den alten Mann umzustimmen. Sie kannten ihn; alle Worte waren zwecklos, wenn er sich etwas in den Kopf gesetzt hatte.

Hedwig Kern stützte ihren Mann, als sie nach draußen gingen. Noch war das Wasser nicht sehr tief, aber die Strömung war so stark, daß sie sie immer wieder niederriß. Die Frau erhob sich jedesmal und half ihrem Mann wieder auf. Schließlich erreichten sie eine Stelle, an der das Wasser ruhig stand. Zuerst waren sie allein. Dann kamen andere. Schließlich waren es vierzehn Menschen, die bis zur Brust im kalten Wasser standen und auf Hilfe warteten. So harrten sie aus – zehn Stunden lang.

Als die Retter kamen, war Eduard Kern tot, doch die Frau hielt den Umgesunkenen noch immer an der Hand. „Ich gehe nicht ohne ihn!" schrie sie.

Die Soldaten starrten die Frau an. „Wir haben zu wenig Boote", sagte dann einer. „Wir müssen zuerst an die Lebenden denken ..." Da erst begriff sie, daß er tot war.

Hilde Stanowsky erwachte erst, als ihr Kind sie rief. Die vierjährige Ingrid lag in ihrem Bett und schrie ganz vergnügt: „Mama, Wasser! Schau!" Sie planschte mit den Händen in der dunklen, schmutzigen Flut, die still und heimlich ins Haus gekommen war.

Hilde Stanowsky erschrak. Sie glaubte erst an einen Wasserrohrbruch, aber dann begriff sie. Sie war mit dem Kind allein. Ihr Mann war Schweißer und mit einem Montagetrupp in Indien. In wenigen Wochen wollte sie zu ihm fahren.

Hamburg-Wilhelmsburg,
Georg-Wilhelm-Straße.

Das Wasser stieg sehr schnell. Die Frau hatte nur noch Zeit, das Kind in die Arme zu nehmen. Sie kletterten auf das Dach, und dort saßen sie Stunde um Stunde, beide nur mit einem dünnen Nachthemd bekleidet. Sie schrien um Hilfe, aber niemand hörte sie.

Die Kälte wurde immer schlimmer. Die Frau versuchte, ihr Kind mit der Wärme ihres Körpers zu schützen. Aber als die Retter kamen, war das Kind tot – erfroren.

Pastor Barg würde sie alle begraben – diese und achtzig andere aus seiner Gemeinde. Aber an diesem Abend, als er die vor der Flut Flüchtenden vor dem Portal seiner Kirche empfing, ahnte er noch nichts von dem Entsetzlichen.

Ein Stadtteil ertrinkt in den Fluten

Ortsamtsleiter Westphal ahnte in diesem Augenblick noch nichts von dem Chaos, das über die Menschen hereingebrochen war. Er fuhr mit Inspektor Wilhelm und dem Fahrer Peters von Kirchdorf zur Süderelbe – wieder am Tod vorbei. Westphal hatte jedes Gefühl für die Zeit verloren. Sie irrten blind durch die Nacht.

Auf dem Campingplatz an der Süderelbe standen Hunderte von Kühen, die die Bauern hierhergetrieben hatten. Die Tiere standen dort im Halbkreis, die Köpfe zusammengesteckt. Das Wasser war bis dicht unter die große Eisenbahnbrücke über die Süderelbe gestiegen, die sonst 4 Meter 50 über dem Wasserspiegel lag.

Plötzlich entdeckte Westphal in der Dunkelheit eine erleuchtete Telefonzelle, unwirklich und gespenstisch. Der Wagen hielt, und Westphal lief zu der gläsernen Zelle. Die Leitung war tot. Wieder hatte Westphal das Gefühl, sich im Kreis zu bewegen.

Sie fuhren weiter, einen Weg an der Eisenbahnlinie entlang nach Norden. Auf der Straße kam ihnen ein Wasserfall entgegen. An der Kornweide in der Nähe des Schienenstrangs stand ein Funkstreifenwagen. Das Blaulicht rotierte auf dem Dach. Peters fuhr heran, und Westphal kurbelte das Fenster herunter. „Können wir hier nach Norden?“

Die beiden Polizisten wußten so wenig wie sie. „Wir haben den Auftrag, hier zu warten.“

Der VW fuhr im Schritt; nur an den Stellen, wo der Sturm das Wasser über die Straße hinwegtrieb, gab der Fahrer Gas. Die Wilhelmsburger Reichsstraße war nur noch eine schmale Insel in der Flut. Die drei Männer im Wagen sprachen nicht; es war, als hofften sie, daß alles nur ein böser Traum sei. Aber es war kein Traum.

Die Hochhäuser ragten wie dunkle, fensterlose Klötze in den Himmel. Nirgends brannte Licht. Einige Gaslaternen, die seltsamerweise verschont geblieben waren, warfen ihre gelben, bleichen Kreise auf die schmutzigbraune Flut. Vor dem 70. Polizeirevier in Hamburg-Wilhelmsburg schwamm ein Funkstreifenwagen im Wasser. Auf dem Dach zuckte noch immer das Blaulicht.

Die drei Männer waren aus ihrem Volkswagen gestiegen. Eine Frau kam ihnen schreiend entgegen, barfuß. Unter dem Mantel trug sie nur ein Nachthemd. Überall standen weinende, schreiende, hysterische Menschen mit verzerrten Gesichtern. Noch immer vor Entsetzen schaudernd, berichteten sie. So hörte Ortsamtsleiter Westphal zum erstenmal, was geschehen war: Es konnte nicht wahr sein! Und doch war es geschehen: Die Flut hatte die Deiche zerbrochen, und ein ganzer Stadtteil mit 60000 Menschen war im Wasser versunken . . .

Die vergangenen Stunden, in denen Westphal versucht hatte, Menschen zu warnen, hatten ihm keine Zeit zum Nachdenken gelassen. In der Dunkelheit, kaum zweihundert Meter entfernt, stand das Hochhaus, in dessen elftem Stockwerk er wohnte. Er sah auf die Uhr. Zwanzig Minuten nach drei. Vor drei Stunden hatte er noch dort oben am Fenster gestanden – ahnungslos. Drei Stunden? Er hatte weder Kälte noch Müdigkeit gespürt. Jetzt zitterten seine Knie.

Im Licht des Mondes schwappten die Wellen gegen die Böschung. Aus der Dunkelheit kamen gellende Hilferufe. Der Wind trug die Schreie herüber, als kämen sie aus einem Sprachrohr. Plötzlich flammten die starken Lichtkegel von Autoscheinwerfern auf. Fahrzeuge der Bundeswehr standen auf beiden Seiten der Straße, schräg ausgerichtet. Die Bahnen ihrer hellen Scheinwerfer leuchteten die Böschung hinunter auf die Wasserwüste. Die Hilferufe wurden lauter, und jetzt entdeckte Westphal Menschen auf den flachen Dächern der Holzhäuser in der Kleingarten-Kolonie „Unsere Scholle". Andere klammerten sich in die Kronen der kahlen, aus dem Wasser ragenden Bäume. Rechts der Straße kamen Hilferufe und Blinkzeichen von den hohen Sandhalden einer Baustelle.

Ein Auto trieb vorbei mit gurgelndem Geräusch. Auf einem Zaun saß ein Hund und heulte. Im Licht der Scheinwerfer sah man die Gestalt eines Mannes auf der Böschung; er lag dort, mit dem Gesicht auf den Steinen, während das Wasser seinen Körper bewegte. Westphal wandte sich schaudernd ab.

Neben dem Funkwagen der Bundeswehr mit seinen hohen, schwankenden Antennen standen der Oberleutnant Brandes und der Leutnant Schneider von den Pionieren aus Fischbek.

„Auf was wartet ihr?" fragte Westphal.

„Auf Schlauchboote", sagt der Oberleutnant. „Was sollen wir tun ohne Boote?" Er deutete auf die schweren Lkws. Westphal sah, daß sie hoch mit Sandsäcken beladen waren. Wir haben nur Sandsäcke und Schaufeln", sagte Brandes. „Als wir ausrückten, hieß es: Ihr müßt die Deiche schützen . . ."

Aus der Dunkelheit vor ihnen kam ein Schrei: Eine alte Frau stand am Fenster ihres Holzhäuschens und klammerte sich an der Dachrinne fest, keine fünfzig Meter entfernt. Auf dem Dach bewegten sich Gestalten.

Oberleutnant Brandes entdeckte etwas vor sich auf dem Boden. Er bückte sich. Als er sich wieder aufrichtete, hielt er einen Spielzeugbären in der Hand, durchnäßt und dunkel vor Schlamm. „Ich halte es nicht mehr aus!" sagte Brandes. „Kommen Sie, Schneider, wir gehen rüber. – Bringt Seile!" schrie er.

Die beiden Offiziere warfen einem Gefreiten ihre Uniformjacken und -hosen hin. Sie behielten nur die langen Unterhosen und die Hemden an, knoteten sich ein Seil um die Brust und glitten die steile Böschung hinab ins Wasser.

Die Strömung riß sie mit sich. Einmal blieben sie im Gestrüpp einer Hecke hängen. Dann schwammen sie weiter.

„Wahnsinn", sagte einer der Männer, die neben Westphal auf der Straße standen. Aber man hörte seiner Stimme die Erleichterung darüber an, daß etwas geschah. Dann waren die beiden Offiziere an dem Holzhaus; es verging eine Ewigkeit, bis sie sich auf das Dach geschwungen hatten. Westphal beobachtete, wie sie die Frau, die im offenen Fenster stand, zu zweit aufs Dach hinaufzogen.

Feuerwehrleute hatten an einem schmalen, zweisitzigen Faltboot eine Leine befestigt. Ein Mann kletterte in das Boot. Er paddelte wie wild auf das Haus zu. Endlich erreichte er es. Die Offiziere hoben jetzt das Kind in das schwankende Boot hinunter, und die Männer am Ufer zogen das Boot an der Leine zurück.

Das Kind schrie und zitterte vor Kälte. Wie ein Stück Eis lag es in den Armen des Mannes. Ein Soldat kam mit einer Decke, aber das Kind schrie weiter. Ein anderer Soldat nahm den verschmutzten Teddybär aus dem Jeep und reichte ihn dem Kind. Plötzlich wurde es still und streckte die

Hände aus. Die beiden Offiziere kauerten sich neben die Hausbewohner auf das Dach und konnten nicht mehr zurück.

„Immer noch keine Nachricht wegen der Schlauchboote?" fragte Westphal den Funker.

Der Funker schüttelte den Kopf. Es war zum Verzweifeln. Um sie waren die Dunkelheit, der tobende Sturm, die Hilferufe der vom Wasser Eingeschlossenen. Und eine Handvoll entschlossener Retter, die nichts tun konnten, weil sie keine Boote hatten. Die Schlauchboote lagen in den Gerätehallen des Übungsplatzes der Pioniere an der Süderelbe bei Moorburg.

Auf der Straße, die unterhalb des Moorburger Elbdeiches entlangführte, stand schon das Wasser. Immer wieder kam es schäumend über die Krone. Aber noch hielt der Deich, und die Fahrzeugkolonne fuhr sehr schnell.

Sie kamen aus Harburg, Pioniere des 3. Bataillons. Oberleutnant Haufe, Chef der 3. Kompanie, fuhr mit seinem Jeep voran. Hinter ihm folgte der Funkwagen. Der Gefreite Axel von Platen saß vor seinen Geräten in dem mit hellem Neonlicht erleuchteten Wagen. Durch das schmale Rückfenster sah er die Scheinwerfer der Fahrzeugkolonne, die in einigem Abstand folgte.

Plötzlich stoppte der Wagen, und von Platen wurde von seinem Sitz gerissen. Als er sich aufrappelte, war um ihn ein ohrenbetäubendes Krachen und Bersten, und sein erster Gedanke war: Der Deich ist gebrochen. Er war gebrochen, keine fünfzig Meter vor dem Jeep des Oberleutnants. Ein reißender Fluß, der immer breiter wurde, begrub die Straße unter sich.

Durch das Seitenfenster sah Platen den Oberleutnant zu einer Tankstelle neben der Straße laufen. Platen setzte sich an sein Funkgerät. Er hämmerte eine Meldung in die Tasten, und dann hörte er wieder das brausende, donnernde Geräusch: Auch hinter ihm brach jetzt der Deich. Platen sah, wie die anderen Fahrzeuge, die jenseits der Bruchstelle gehalten hatten, in aller Eile wendeten und die Straße zurückrasten.

Der Jeep des Kompaniechefs und der Funkwagen saßen in der Falle. Das Wasser stieg sehr schnell. Mit zitternden Händen versuchte der Funker, sein Gerät auszubauen. Draußen hörte er die Stimme des Oberleutnants: „Raus, Platen, kommen Sie raus!"

Sie retteten sich in das Haus am Deich, das zur Tankstelle gehörte. Das Wasser stand schon im Erdgeschoß. Aber die Menschen schliefen noch. Sie holten sie aus den Betten und stiegen durch die enge Luke hinauf auf das flache Dach.

Der Sturm tobte, daß es sie fast vom Dach fegte. Platen klammerte sich an die schwankende Fernsehantenne. Sie halfen den Hausbewohnern herauf und banden sie dann mit Seilen an den Schornsteinen fest. Weiter die Straße hinunter sahen sie nun das Licht einer Magnesiumfackel, dort, wo die anderen Fahrzeuge sein mußten.

Einen Augenblick zog eine Wolke vor den Mond. Vom Deich her, der hinter der Tankstelle noch hielt, kam ein helles Geräusch – so, als risse jemand einen Streifen Stoff entzwei. Und dann sahen sie es, wie in einer Zeitlupenaufnahme: Der Deich – nackte Erde und Steine ohne Grasnarbe – bewegte sich und rutschte. Dann brach er.

Die Wasserfluten stürzten auf sie zu. Das Haus bebte und neigte sich nach vorn – aber es blieb stehen.

Die Flut zielte auf die Werkstatt neben dem Haus. Die Glastür zerbarst, die Mauern brachen ein, und ein Wasserschwall hob die vier Autos von den Hebebühnen wie leichtes Spielzeug. Die Luft war plötzlich erfüllt von scharfem Benzingeruch, und dann sahen sie, daß die beiden Tanksäulen, die eben noch wie zwei rote Pilze vor dem Haus gestanden hatten, verschwunden waren. Sie warteten darauf, daß das Haus jeden Augenblick unter ihnen zusammenbrechen würde. Sie, die Hilfe bringen wollten, brauchten nun selber Hilfe. Sie wußten nicht, daß vierzehn Stunden vergehen würden, bis die Besatzung eines Hubschraubers sie entdeckte. Vergeblich gab der Oberleutnant mit seiner Taschenlampe Blinkzeichen hinüber zu den anderen Fahrzeugen der Kompanie.

Die Männer der 3. Kompanie standen bei ihren Wagen und beratschlagten. Schlauchboote waren jetzt wichtiger denn je! So fuhren sie los, mit vier Wagen, um Boote zu holen. Unterdessen gingen die anderen Soldaten in die Häuser und weckten die immer noch ahnungslos schlafenden Menschen.

Die vier Fahrzeuge mußten weite Umwege machen; immer wieder versperrte das Wasser ihnen den Weg. Schließlich bogen sie hinter dem Bahnhof an den Tempo-Werken nach Moorburg ab. Es war eine einsame Gegend. Manchmal war im Dunkel eine Scheune zu sehen. Bald kam ihnen auch hier das Wasser entgegen.

Der Gefreite Kiesewetter von der 3. Kompanie saß am Lenkrad des letzten Wagens. Er sah Gowitzke an, den Unteroffizier. „Weiter!“ sagte Gowitzke. „Versuchen müssen wir's!“

Das Wasser reichte schon bis über die Scheinwerfer. Die drei jungen Männer im Führerhaus – Kiesewetter, Gowitzke und der Gefreite Uwe von Windheim – starrten in die Dunkelheit. Links war ein Zaun, nach dem sie

Verendet bei dem Versuch,
durch das Stallfenster zu entkommen.

sich richten konnten, aber dann hörte auch der auf. „Aufpassen“, sagte Gowitzke, „rechts ist ein Graben.“

Ihre Gesichter waren bleich im Widerschein des Lichtes vom Armaturenbrett. Nach einer scharfen Kurve geschah es: Vergeblich versuchte Kiesewetter das Steuer herumzureißen, der schwere Wagen rutschte von der Fahrbahn und kippte in den Graben. Die anderen Fahrzeuge waren weitergefahren, ohne etwas gemerkt zu haben.

Niemand auf dem Unglückswagen war verletzt. Sie waren sechs Mann, die drei im Führerhaus und drei, die hinten gesessen hatten. Langsam gewöhnten sich ihre Augen an die Dunkelheit. Der abgerutschte Wagen schlingerte unter ihnen in der starken Strömung wie ein Boot. Der Motor lief noch. Gowitzke war die Ruhe selbst.

„Seilt euch an“, befahl er. Jeder trug eine elf Meter lange Bindeleine bei sich.

„Hat jemand Zigaretten?“ fragte Gowitzke. Sie durchsuchten ihre Taschen, aber die Päckchen waren vom Wasser aufgeweicht. „Keine? Moment.“ Er tauchte in das halbüberschwemmte Führerhaus hinab. Plötzlich hörte das Motorengeräusch auf. Sie fanden den Zündschlüssel später in seiner Hosentasche; er hatte ihn abgezogen. Der Unteroffizier war ein Mann, den selbst in solchen Situationen seine Besonnenheit nicht verließ.

Als er mit Zigaretten und Streichhölzern zurückkam, rückten sie eng zusammen, damit der Wind das Streichholz nicht ausblies. Einen Augenblick leuchteten ihre Gesichter auf – junge Gesichter, denen die Gedanken an den Tod fremd waren. Sie hockten da und rochen nach nassen Kleidern. Die weißen Leinen hingen ihnen am Leib wie lange Nabelschnüre.

Der Unteroffizier war der älteste von ihnen, vor drei Wochen war er sechsundzwanzig Jahre alt geworden; die Kameraden schildern ihn als einen Mann, der sie jederzeit zum Lachen brachte. Aber sein Vater kannte sein anderes Ich: Gerhard Gowitzke war ein stiller, etwas grüblerischer Mensch, einer aus dem großen Heer jener Heimatlosen und Herumgestoßenen, ohne die keine Armee der Welt Freiwillige bekäme . . .

Er war das jüngste von elf Kindern. 1945 war die Familie aus Westpreußen geflohen. Seine Mutter war damals umgekommen – auf der Flucht. Er war ohne sie aufgewachsen, in einem Heim an der Ostsee. Es war eine Geschichte wie tausend andere – aber er war ja noch jung; er hatte noch viele Dinge vor, viele Träume. „Warte nur“, hatte er zu seinem Vater gesagt, zu dem er jedes Wochenende fuhr, um ihm beim Bau des kleinen Häuschens außerhalb von Ratzeburg zu helfen, „ein paar Jahre noch, dann sind wir alle wieder zusammen.“

Er hatte die Zigarette halb geraucht. „Es hat keinen Zweck, lange zu warten“, sagte er. „Das Wasser steigt nur noch mehr.“ Er zeigte auf den Laternenpfahl, der zwanzig Meter vor ihnen aus dem Wasser ragte. „Also, macht’s gut. Und bleibt zusammen.“

Er sprang ins Wasser; erst dann muß er, der Besonnene, gemerkt haben, daß er vergessen hatte, sich an die anderen anzuseilen. Er kam nicht weit. Die starke Strömung riß ihm die Beine weg. Er trieb am Wagen vorbei, sehr schnell und so nah, daß der Gefreite von Windheim sich erinnerte, die Zigarette in seinem Mund gesehen zu haben.

In diesem Augenblick, als er vor ihren Augen ins Dunkel weggespült wurde, dachten sie noch an nichts Schlimmes. Sie wußten, daß er ein guter Schwimmer war. Und wirklich stellte man später, als man ihn fand, fest, daß es ihm gelungen war, die Stiefel und seine Uniform auszuziehen. Sie fanden ihn – weit entfernt von der Unfallstelle – in der Ortschaft Moorburg. Er hing mit nacktem, blaugefrorenem Oberkörper in einem Dachstuhl, die Beine eingeklemmt, den Kopf nach hinten.

Der Arzt, der ihn untersuchte, stellte Knochenbrüche fest. Gowitzke mußte von herabstürzenden Ziegeln erschlagen worden sein.

Die anderen retteten sich in jener Nacht; angeseilt, zwei links und drei rechts der Straße, wateten sie durch das Wasser, so lange, bis sie endlich in Sicherheit waren.

Drei Stunden nachdem die ersten Einheiten ausgerückt waren, erreichte ein Kommando unter Feldwebel Gärtner endlich den Übungsplatz der Pioniere an der Süderelbe. In der Gerätehalle, in der die Schlauchboote, die Motoren und Paddel lagerten, stand Wasser – über einen Meter hoch. Zum Teil hatte die Flut die Tore aufgesprengt. Andere Tore wurden mit Äxten aufgeschlagen. Die Pioniere mußten in die Hallen hineinschwimmen, um an die Boote zu kommen.

Auf der Wilhelmsburger Reichsstraße warteten sie noch immer. Es war kälter geworden, ein eisiger Wind wehte. Um halb vier ging die Nachricht von einem zum andern: „Die Schlauchboote sind da!“

Die hochbeinigen Fahrzeuge kamen mit schäumender Bugwelle die Straße entlang. Niemand fragte. Niemand brauchte zu befehlen. Es gab jetzt nur noch einen einzigen Befehl: Helfen! Und er galt für alle.

Die Männer rissen die Boote von den Wagen herunter, rannten zu der steilen Straßenböschung, schwangen sich in die Boote und fuhren los – in die dunkle Wasserwüste, aus der die gellenden Hilfeschreie kamen.

Ortsamtsleiter Westphal war zu drei Soldaten in eines der Schlauchboote gestiegen. Um sie herum waren andere Boote. Von manchen leuchtete das grellweiße Licht der Magnesiumfackeln.

Die drei jungen Soldaten zogen die Paddel durch das Wasser. Westphal saß vorn, mit einer Lampe, und führte sie. Er kannte die meisten Menschen hier in der Siedlung „Unsere Scholle". Er hatte an ihren Sommerfesten teilgenommen. Er kannte auch das Haus, auf das sie zufuhren; zwei Witwen wohnten dort.

Er richtete den Schein seiner Lampe auf das Haus; und dann schloß er die Augen vor dem grauenerregenden Anblick: Nur weiße, nackte Beine ragten aus dem Fenster des zusammengebrochenen Hauses. Er wandte sich ab. Die Soldaten um ihn waren blaß. Man sah ihnen an, daß sie zum erstenmal dem Tod begegneten. In ihren Gesichtern stand der Schock dieser neuen und schrecklichen Erkenntnis.

Die Frauen waren tot. Westphal gab sich einen Ruck. „Weiter!" Die Toten mußten warten. Die Lebenden gingen vor. Hinter dem Fenster eines Hauses sahen sie eine winkende Hand. Sie schlugen die Scheibe ein und holten einen Mann heraus. Sie pflückten Menschen von den kahlen Ästen der Bäume. Sie schlugen Dachpfannen ein, um andere zu befreien. Viele sagten auch jetzt noch mit erschöpfter Stimme: „Ich schaffe es schon. Dort sind Kinder. Holt sie zuerst."

Sobald das Schlauchboot beladen war, paddelten sie zurück zur Straße. Wenn sie anlegten, waren andere da, die ihnen die Kinder aus den Armen nahmen und die vor Fieber und Frost Zitternden die Böschung hinauftrugen.

Bis man sie in Decken eingeschlagen hatte, waren die Soldaten mit dem Schlauchboot schon wieder in Sturm und Dunkelheit verschwunden, um nach anderen Opfern zu suchen.

Die Geschichte der Männer, die in dieser Nacht ihr Leben für andere einsetzten, wird niemals ganz erzählt werden können. Von einigen weiß man die Namen – aber Hunderte, deren Namen niemand kennt, haben das gleiche getan. In der Nacht der schwersten Heimsuchung war jeder auf sich gestellt. Es fehlte an allem. Es gab zu wenig Boote; es fehlte an Fackeln, Lichtern, Decken. Die Retter hatten nur eines: ihren Mut, ihre Aufopferung, ihre Ausdauer.

Sie setzten alles ein. Bis zur Erschöpfung. Sie hofften auf den Tag. Und gleichzeitig fürchteten sie ihn, denn die Dunkelheit war barmherzig.

Im Wilhelmsburger Krankenhaus „Groß-Sand" gab es längst keine Betten mehr. Die Geretteten lagen auf den Gängen und im Operationssaal, oft zu dritt in einem Bett. Die meisten lagen dort still und apathisch; nur eine Frau schrie: „Meine Kinder! Meine Kinder!" Sie waren vor ihren Augen ertrunken.

„Groß-Sand“ ist ein Unfallkrankenhaus. Die Ärzte und Ordensschwestern waren es gewohnt, Leid und Elend zu begegnen. Heute aber war es schlimmer als je zuvor. „Wie ein Hauptverbandsplatz im Krieg“, sagte Dr. Haunert, der ein paar Häuser weiter wohnte und gerade noch rechtzeitig durch das Wasser hierher gewatet war.

Viel konnten sie nicht tun. Sie massierten erstarrte und blaugefrorene Glieder. Sie schienten Brüche, verbanden Verletzungen, gaben Spritzen, machten Bluttransfusionen. Die Kellerräume standen unter Wasser. Die Heizung funktionierte nicht mehr. Es wurde kalt auf den Gängen und in den Zimmern. Das Propangas, mit dem sie Wasser für die Wärmflaschen heiß machten, ging zu Ende. Es fehlte an Verbandszeug, Decken, Blutkonserven – an Essen.

Langsam begann es hell zu werden. Im Osten zog der Tag herauf, fahl und unschlüssig. Das große Fenster im Operationssaal wurde eine lichte Fläche. Aber die Schwester, die vor der Bahre der zwölfjährigen Sylvia stand, sah nur die dunklen, starren Augen des Kindes, ehe sie die Lider mit einer sanften Bewegung zudrückte.

Niemand wußte in diesem Augenblick, wie viele Menschen den neuen Tag nicht mehr erleben würden. In Wilhelmsburg, Waltershof, Neuenfeld, Moorburg – überall dachte jeder einzelne, nur er sei betroffen. Jeder glaubte, nur bei ihm sei das Unglück geschehen. Keiner wußte vom anderen.

Im Hauptquartier der Polizei standen die Beamten mit übernachtigten Gesichtern vor der großen Lagekarte. Aber selbst sie hatten bis zu dieser Stunde keinen genauen Überblick über das ganze Ausmaß der Katastrophe.

Telefonverbindungen waren zerstört. Alle Versorgungsleitungen – Gas, Wasser, Elektrizität – ausgefallen. Autobahn und Zugverkehr gesperrt. Die spärlichen Meldungen kamen von einzelnen Streifenwagen und von Amateurfunkern. Jede Nachricht bedeutete eine Hiobsbotschaft.

Hauptkommissar Kordts hatte beim Offizier vom Standortdienst Hubschrauber angefordert; die einzige Möglichkeit, um festzustellen, was in Hamburg wirklich geschehen war. Um halb sechs hatte der Leutnant Gehringer zurückgerufen, daß sechs Hubschrauber aus Münster unterwegs seien. Aber sie waren bisher nicht eingetroffen.

Um zehn Minuten vor sieben Uhr kam ein Mercedes in rasender Fahrt die Straße herunter und stoppte vor dem roten Backsteingebäude am Karl-Muck-Platz. Punkt sieben Uhr hielt Hamburgs Innensenator Helmut Schmidt seine erste Lagebesprechung ab. Vielleicht war er der Mann, den Hamburg in dieser Nacht gebraucht hätte: ein Mann mit dem Mut zu Entscheidungen. Vielleicht hätte er ausgesprochen, was die einzelnen Behörden – jede für sich – erkannt hatten: Es gibt eine Katastrophe. Nun war es zu spät.

Bis heute glaubt man, Innensenator Schmidt sei erst in dieser Stunde aus Berlin von der Konferenz der Innenminister zurückgekehrt. Die Wahrheit ist, daß er sich seit acht Uhr abends in der Stadt befand, in seiner Wohnung, im Norden Hamburgs. Aber niemand war auf die Idee gekommen, ihn anzurufen.

„Großer Gott!"

Als der Hauptfeldwebel Karl Diehl von der Heeresflieger-Schule Bückeburg an diesem Morgen die Sieben-Uhr-Nachrichten hörte, war sein erster Gedanke: Wer versorgt heute die Fische? Fische waren sein Hobby, Fliegen seine Leidenschaft.

„Karl", rief seine Frau plötzlich, „hör mal!" Er kam ins Wohnzimmer, schon in Uniform.

„... es war bis zu diesem Zeitpunkt noch nicht möglich, ein klares Bild über das Ausmaß der Katastrophe zu gewinnen", sagte der Nachrichtensprecher.

„Was ist passiert?" fragte Diehl.

„In Hamburg sollen ganze Stadtteile überschwemmt sein."

„Wenn da etwas passiert ist, kommen wir mit unseren Hubschraubern sicher zum Einsatz." Diehl trat an sein Aquarium. Er betrachtete die winzigen Fische, die am Grund mit zitternden Flossen reglos auf der Stelle verharrten. „Wirst du mit ihnen auch fertig?" fragte er besorgt. Er hatte die kleinen Fische erst vor Tagen eingesetzt. „Achte auf die Wassertemperaturen."

Als Karl Diehl auf dem Flugplatz ankam, war seine Einheit schon alarmiert. Die Männer standen in ihren Fliegerkombinationen im Warteraum; die Mechaniker waren draußen bei den Hubschraubern. Die Wettermeldungen waren schlecht. Hamburg meldete Windstärken bis zu 60 Knoten. Die Sicherheitsbestimmungen verboten aber Flüge für Hubschrauber bei Windgeschwindigkeiten über 40 Knoten. Dennoch hatte niemand Zweifel, daß sie fliegen würden; sie waren alle alte, erfahrene Fluglehrer.

„Diehl, Sie fliegen nach Wunsdorf", befahl der Oberleutnant, „und holen Schwimmwesten."

Zehn Minuten später hob sich die Sikorski Quebec Alpha 466 in die Luft.

Sobald Diehl die Schwimmwesten an Bord hatte, startete er zum Rückflug; da kam über Sprechfunk der Befehl: „An Quebec Alpha vier sechs sechs. Fliegen Sie direkt Hamburg an. Kommen!"

„Hier Quebec Alpha vier sechs sechs", meldete sich Diehl. „Verstanden. Nehme Kurs Hamburg."

„Die anderen Maschinen werden Ihnen dorthin folgen. Ende."

Die Entscheidung war gefallen. Sie würden eingesetzt werden. Diehl drückte den Steuerknüppel vor, bis der Höhenmesser 1000 Fuß zeigte. Manchmal schüttelte eine Bö die Maschine. Winter, der Copilot, faltete auf seinem Schoß eine Karte auseinander. Diehl beugte sich zu ihm herüber. Es war eine Karte 1:500000. Hamburg war darauf nur ein Farbklecks. Über ihnen wirbelten die Drehflügel. Rechts trieb eine Wolkenbank vorbei, grau und schwer. Unter ihnen lag das Land im trüben Licht des Tages.

„Noch vierzig Kilometer", sagte Winter.

Diehl nickte. Er spürte die Windböen bis in seine Hände, die am Steuerknüppel lagen; es war ein gutes Gefühl, und das Brummen des Motors war ein Geräusch, das er liebte. Im „Radio" vernahm er jetzt die Stimmen der anderen von Bückeburg gestarteten Hubschrauberpiloten.

„Wir haben zwanzig Minuten Vorsprung", sagte er zu Winter.

Diehl schaltete auf Hamburg. „Hier Quebec Alpha vier sechs sechs", meldete er sich. „Sind im Anflug auf Hamburg."

„Hier Hamburg Tower. Landen Sie Flughafen Fuhlsbüttel. Ich gebe Ihnen den Kurs." Diehl schwenkte auf den Kurs ein. Er spürte plötzlich Herzklopfen. Bald mußten vor ihnen die beiden Arme der Elbe auftauchen.

In der Ferne war plötzlich ein Glitzern. Aber dort, wo die Stadt sein mußte, sah er nur eine riesige, weite spiegelnde Fläche. Er blickte seinen Copiloten fragend an. Winter starrte gebannt geradeaus. Wasser? Nein – das war doch unmöglich!

Diehl flog eine sanfte Kurve und ging tiefer. Plötzlich vernahm er hinter sich die erschreckten Ausrufe der beiden Bordwarte. Er fand keine Straße, keinen Fluß! So weit das Auge reichte – nur Wasser, eine riesige, vollgelaufene Wanne. Diehl blickte voller Entsetzen hinunter auf die Wasserwüste, in der alles Leben erloschen schien.

Der Turm einer Kirche ragte wie ein Finger heraus. Um die Grabsteine eines Friedhofes bildeten sich helle Wirbel. Die Wagen eines Güterzuges lagen wie die Glieder einer zersprungenen Kette im Wasser. Die Dächer eines Personenzuges glänzten im Licht. Ein Schienenstrang ragte steil in die Luft... Und dann entdeckte er die Menschen. Sie kauerten auf den Dächern, zum Teil unbekleidet.

Über 1500 Rinder, 2300 Schweine, 125 Pferde und 100 Schafe und Ziegen kamen in den Wassermassen um.

Der Wind schüttelte die Maschine, als er noch tiefer hinunterging; er achtete nicht darauf. Er flog jetzt so niedrig, daß er einzelne Gesichter unterscheiden konnte. Die Menschen winkten wie besessen und schrien. Er sah, wie sich ihre Lippen bewegten; es gab ihnen das Aussehen von Taubstummen und ließ sie noch verzweifelter erscheinen. Auf manchen Dächern lagen Gestalten und rührten sich nicht, und er wußte nicht, ob sie noch lebten oder tot waren. Neben der Bruchstelle eines Dammes stand eine Gruppe von Menschen tief im Wasser. Einer schwenkte ein Hemd. Es war ein einziges Bild des Grauens, und keiner in der Maschine hatte bisher gesprochen.

Im Funksprechgerät meldete sich eine Stimme: „Hier Hamburg Tower. Sie haben Landeerlaubnis für Fuhlsbüttel."

Die Stimme klang unwirklich und fremd. Diehl brachte kein Wort heraus.

„Quebec Alpha vier sechs sechs ... Verstehen Sie mich nicht?"

„Die Verständigung ist sehr gut", sagte er automatisch. Er zog die Maschine höher. An den Elbbrücken stauten sich lange Autoschlangen. Kranken- und Unfallwagen standen mit flackerndem Blaulicht eingekeilt. Dann lag unter ihnen das Stadtzentrum mit seinen sauberen Straßenzügen, mit Autos, Menschen – geschäftig, unversehrt ...

Nach der Landung auf dem Flughafen blieb Diehl in seinem Pilotensitz – immer noch wie betäubt von dem, was er gesehen hatte. Männer kamen übers Rollfeld auf die Maschine zugelaufen. Die Bordwarte hatten begonnen, die Schwimmwesten auszupacken. Die Männer waren jetzt am Hubschrauber. Diehl sprang aus der Maschine. Ein weißhaariger alter Mann in der Uniform eines Oberst kam auf ihn zu. „Können Sie zu einem Erkundungsflug starten?" fragte der Standortkommandant von Prittwitz.

„Ein Erkundungsflug?" Diehl sah ihn einen Augenblick an. Dann nickte er.

Die Senatoren, die hohen Polizeibeamten und der alte, weißhaarige Oberst halfen mit, die Schwimmwesten auszupacken. Dann kletterten sie in die Maschine. Die Bordwarte schnallten sie an. Diehl warf den Rotor an. Das Dröhnen erfüllte die Kanzel, und die Schatten der Drehflügel fielen über die Fenster.

Dann hob sich der Sikorski Quebec Alpha 466, der erste Hubschrauber, der Hamburg erreichte, wieder vom Boden ab, flog über das Häusermeer hinüber zu dem in den Fluten versunkenen Stadtteil.

„Großer Gott ...", sagte jemand.

Über Wilhelmsburg waren die anderen Hubschrauber im Anflug. Dunkel hoben sie sich gegen den verhangenen Himmel ab, ein Schwarm großer

Insekten mit durchsichtigen Flügeln. Winter, der Copilot, machte eine Kopfbewegung nach hinten. Als Diehl sich umsah, blickte er in das betroffene Gesicht des weißhaarigen Oberst.

„Geben Sie durch", sagte der Oberst, „alle Maschinen sofort zum Rettungseinsatz!" Er machte eine Pause und blickte durch das Seitenfenster hinunter. „Sie sollen retten, was noch zu retten ist!"

Das Motorengeräusch kam aus dem verhangenen Himmel, und dann sahen die Männer, die auf dem Platz vor der Kirche standen, den Hubschrauber. Er schwebte auf sie zu, in schaukelnden Bewegungen; sie schrien aus Leibeskräften, winkten mit ihren Mützen, und einer der Feuerwehrmänner rannte in die Kirche, um ein Tuch zum Winken zu holen.

Die alte Kirche der Gemeinde Kirchdorf im Osten Wilhelmsburgs, das Pastorenhaus, die Friedrichsburg, ragten wie eine Hallig aus dem Wasser, eine kleine Insel in der großen Flut; es waren an die tausend Menschen, die sich in der Nacht hierher gerettet hatten. Als der Feuerwehrmann zurückkam, hatte der Hubschrauber abgedreht; eine Weile hörten die vielen Menschen noch das schwache Surren der Rotoren, auf- und abschwellend.

Sie warteten und hofften. Sie wußten nicht, ob man sie entdeckt hatte. Sie starrten in den trüben Himmel mit vor Müdigkeit rotgeränderten Augen. „Wenn jemand in den Turm steigt", sagte Pastor Barg, „die Glocken haben zwar keine Seile, aber es müßte gehen, wenn man mit irgend etwas dranschlägt."

Die Kirche hatte ein elektrisches Geläut, aber der Strom war seit Stunden ausgefallen. Der sechzigjährige Pastor trug noch immer Gummistiefel und Lodenmantel. Auf der überschwemmten Straße kam ein kleines Schlauchboot daher. Zwei Soldaten paddelten zwischen den Häusern entlang, an dem Schild der Autobushaltestelle vorbei, das gerade noch aus der Flut ragte.

Das Wasser stand dunkel und still in der Straße, als wäre es um die Häuser gegossen und hart geworden. Die Männer halfen, das Boot aufs Trokkene zu ziehen. Dann sahen sie die zwei Bündel im Boot, regungslos, daß sie einen Augenblick glaubten, die Soldaten brächten zwei Tote.

„Wir haben sie aus dem Altersheim geholt", sagte der Gefreite, der vorn im Boot gesessen hatte. Karl-Heinz Brockmann war ein kleiner, fast zierlicher Junge mit etwas abstehenden Ohren, dem man seine zweiundzwanzig Jahre nicht ansah. „Sie hatten beide einen Schlaganfall und sind vollkommen gelähmt. Sie müssen ins Krankenhaus."

Sie nahmen die beiden alten Frauen behutsam auf. Sie sahen faltige, starre Gesichter und Lippen, die sich bewegten, ohne daß ein Laut herauskam.

Die Glocken hatten zu läuten begonnen; es dröhnte über ihren Köpfen.

Die „rettenden Engel“

Das unregelmäßige Läuten der Glocken klang im Innern der Kirche schwach und verweht und wurde übertönt von dem Schreien und Weinen der Kinder. Im dämmrigen Zwielicht der kalten Kirche kauerten die Menschen in den Bänken; die wenigsten besaßen Decken. Auf den Stufen vor dem Altar kniete eine Frau mit struppigen, wirren Haaren; sie hatte ein Hemd zerrissen und wickelte auf den steinernen Stufen ihr Kind.

„Habt ihr Milch auftreiben können?“ Stabsunteroffizier Friedrich Biermann war neben den jungen Gefreiten getreten. „Wir haben sechs Flaschen im Boot“, sagte Brockmann, „das war alles, was wir gefunden haben.“

Sie waren vier Soldaten von einer Pioniereinheit aus Minden. Sie waren gekommen, um zu retten, und waren selber mit ihrem Fahrzeug von der Flut eingeschlossen worden. Die Bevölkerung von Kirchdorf würde noch lange von ihnen sprechen, von den vier Männern mit dem kleinen Schlauchboot. „Inselkommandant“ würden sie den zierlichen jungen Gefreiten Brockmann taufen. Er und seine drei Kameraden sollten hier für einige Tage praktisch die Regierung übernehmen.

Die Männer waren wieder vor die Kirche getreten. Brockmann hatte seine Milchflaschen zu dem Wagen getragen, der bis zum Kühler im Wasser stand. Der Gefreite Lachmann war dabei, die Milch auf dem Benzinkocher anzuwärmen. Brockmann und Pohlmann waren mit ihrem Schlauchboot wieder die Straße hinuntergepaddelt auf der Suche nach Lebensmitteln oder Menschen, denen sie helfen konnten.

Die Glocken waren verstummt, und plötzlich hing über ihnen wieder das Motorengeräusch.

Die Männer vor der Kirche winkten wie besessen, als der Hubschrauber über den Dächern auftauchte. Sie schrien und winkten, und dann war der Hubschrauber so nahe, daß sie die Gestalten hinter der gläsernen Kanzel erkennen konnten. Er schwebte über ihren Köpfen, mit wirbelnden Drehflügeln. Das Getöse der Rotoren füllte den Platz um die Kirche. Sie hielten den Atem an, als der Pilot zwischen den Bäumen und dem Kirchendach auf der Asphaltstraße zu landen versuchte.

Die geliebte Puppe aus
Schlamm und Wasser gerettet.

Die Maschine tanzte in der Luft, und dann packte sie eine besonders steife Bö. Sie schüttelte sich, daß die Männer unten auf dem Platz fürchteten, der Hubschrauber würde jeden Augenblick auseinanderbrechen. Der Platz war zu klein zum Landen. Der Pilot zog die Maschine hoch, schwenkte in eine Kurve. Sie sahen, wie eine Gestalt halb aus der Maschine heraushing und durch ein Megafon zu ihnen herunterschrie.

„... Baum ...“ Sie verstanden nur das eine Wort.

Die Feuerwehrleute rannten zu ihrem Wagen. Sie rissen die Äxte aus den Halterungen. Sie hieben ihre Äxte in das harte, nasse Holz des Baumes, über dem der Hubschrauber sich schwebend in der Luft hielt. Frauen mit Kindern im Arm waren aus der Kirche gekommen.

Um den dunklen Stamm des Baumes lagen bald die weißen Holzspäne. Es dauerte eine Ewigkeit, bis die Krone zu zittern begann und der Baum krachend auf den Boden schlug. Wieder versuchte der Pilot die Landung. Er hatte nicht viel Raum. Die Drehflügel schienen das Dach der Kirche zu berühren. Dann war der Hubschrauber nur noch wenige Meter über dem Boden. Die auf der Erde spürten den harten Luftzug der Rotoren. Er preßte ihnen die nassen, kalten Kleider auf die Haut. Eine Weile war es still, als der Motor verstummte. Niemand konnte etwas sagen. Ein paar Frauen weinten. Pastor Barg hatte Beine wie aus Blei, als er auf den Hubschrauber zuging. Der Pilot kroch aus der Kanzel. „Können wir helfen? Habt ihr Verletzte hier? Was brauchen Sie?“ Pastor Barg berichtete. „Wir fliegen die beiden Frauen heraus“, entschied der Pilot.

Die anderen standen jetzt dicht gedrängt um den Hubschrauber. Jeder wollte mit. Jeder hatte einen besonderen Grund. „Seid vernünftig!“ schrie der Pilot. „Geht zurück! Zurück! Es sind noch Hunderte zu retten. Was ihr braucht, bringen wir euch. Zurück!“

Der Pilot kletterte in seinen Sitz. Die Menschen wichen zurück, als die Rotoren ansprangen. Einen Augenblick schwebten die Räder über dem Boden. Die Maschine zog steil hoch. Wieder streiften die Drehflügel fast das Dach der Kirche. Dann verschwand der Hubschrauber über den Dächern. Der Himmel war wieder leer mit seinem trüben Licht.

Die beiden Frauen aus dem Altersheim Kirchdorf wurden gerettet. Wie sie, so befreiten die Hubschrauberbesatzungen an diesem Sonnabend über vierhundert Menschen aus unmittelbarer Lebensgefahr. Es waren sieben Maschinen im Einsatz an diesem ersten Tag nach der Katastrophe. Die Piloten der Heeresfliegerschule Bückeburg waren alte, erfahrene Fluglehrer; und dennoch wagten sie Rettungsaktionen, die bei diesen Windverhältnissen fast selbstmörderisch waren.

„Die rettenden Engel“ – sie bekamen den Namen nicht umsonst. Die Piloten vollbrachten halsbrecherische Leistungen. Mit unwahrscheinlichem Geschick manövrierten sie sich zwischen Hochspannungsleitungen an die Dächer heran. Teilweise mußten sie mit einem Rad auf dem Dach landen, um die Leute seitlich in die Luke einsteigen zu lassen. Der Pilot hielt die Maschine in der Luft, während die Techniker die Einstiegklappen herunterließen und die Menschen über die schwankende Leiter ins Innere zogen. War kein Platz zum Landen, so drückten sie mit dem Fahrgestell Schornsteine und Fernsehantennen weg, bis sie Platz hatten.

Wo Menschen in engen Dachluken hingen, drückten sie mit dem Gewicht ihrer Maschinen Dachstühle ein, so daß die Unglücklichen durch den aufgesprengten Spalt herausklettern konnten. So „sprangen“ sie von Dach zu Dach der vom Wasser eingeschlossenen Häuser. Sie holten die vor Erschöpfung und Kälte halbtoten Menschen von den Deichen. Sie landeten auf verschlammten Straßenkreuzungen. Sie schwebten über der Wasserwüste wie riesige denkende Insekten. Und da, wo sie keine Menschen aufnehmen konnten, halfen sie, indem sie Nachricht von den Eingeschlossenen brachten.

Sie flogen, flogen und flogen. Keiner dachte ans Essen. Sie unterbrachen ihre Rettungsaktionen nur, um ihre Maschinen aufzutanken. Sie brachten nicht nur Hunderten Rettung. Sie brachten Trost und Hoffnung und zeigten den Menschen, daß man sie nicht vergessen hatte.

Stirbt Vincinette?

Die Retter auf dem Wasser waren ebenfalls seit vielen Stunden im Einsatz. Sie waren müde zum Umfallen, ihre Kleider und Uniformen waren zerrissen und lehmbespritzt. Sie waren kaum noch zu unterscheiden: Soldaten hatten sich trockene Zivilkleider angezogen, und mancher Zivilist trug die Felljacke eines Soldaten.

Der Sturm war immer noch schlimm, und es gab immer noch zu wenig Boote. Viele Schlauchboote waren von Stacheldrahtzäunen beschädigt worden. Die Retter fertigten Flöße aus Brettern und Ölfässern an. Sie holten von einem Güterwagen ein viersitziges Motorboot, und wenn sie keine Paddel hatten, behalfen sie sich mit Spaten. Wenn die Boote unter ihnen wegsackten, wateten sie durch das Wasser zu den Menschen hin, die immer noch auf den Dächern und Bäumen der Schrebergartenkolonie saßen.

Nicht überall waren die Soldaten willkommen. Als der Feldwebel Sander ein Ehepaar von fünfundvierzig Jahren mit dem Boot wegbringen wollte, sagte der Mann: „Bundeswehr? Schert euch weg! Wir wollen vom Roten Kreuz gerettet werden." Andere weigerten sich, in die schwankenden Boote zu steigen. „Wir warten hier auf einen Hubschrauber."

Leute, die sie auf der Straße abgesetzt hatten, verlangten, daß man sie noch einmal in die Häuser zurückbringe: Der eine hatte Geld im Küchenbüfett liegen; Kassetten mit Versicherungspolicen, Wertgegenstände, Fernsehapparate, und eine Frau weinte um ihre Nähmaschine...

Dann bargen sie die ersten Leichen. Die wenigsten Opfer waren ertrunken. Sie waren an Herzschlag, Schock, Unterkühlung gestorben; viele waren grausam verstümmelt. Sie erinnerten an Tote, die man während des Krieges unter den Trümmern ihrer Häuser gefunden hatte.

Aber für die jungen neunzehn- und zwanzigjährigen Soldaten waren es die ersten Toten, und sie begegneten dem Tod gleich in seiner grausamsten Art: Sie fanden Kinder in ihren Betten, das Spielzeug noch im Arm. Sie fanden einen Mann, das Beil noch in der Hand, mit dem er sich hatte befreien wollen. Sie fanden die Toten eingeklemmt zwischen den Wänden, unter Schränken, erschlagen von Öfen.

„Es war furchtbar für meine jungen Soldaten", sagte der Oberleutnant Wende, „sie trauten sich zuerst nicht, die Toten anzufassen. Ich mußte sie immer wieder aufs neue in die zerstörten Häuser jagen und ihnen befehlen, die Leichen herauszuholen."

Sie suchten von Haus zu Haus. Manchmal war es der Vater, der sie hinführte, um sein Kind zu finden. Söhne suchten ihre Eltern. Die Soldaten wußten, daß die Angehörigen draußen warteten, und so hüllten die Soldaten die Toten ein, in Teppiche und Gardinen, die sie von den Fenstern rissen, ehe sie die Opfer hinaus zu den Booten trugen. Wenn sie ein Haus durchsucht hatten, kennzeichneten sie es mit Kreide, und viele dieser Zeichen waren ein Zeichen des Todes.

Am Vogelhüttendeich, dort, wo sie die meisten Toten fanden, stand der Wirt des Vereinslokals vom Fußballclub Wilhelmsburg 09 mit einer 50-Liter-Korbflasche Kümmelschnaps und schenkte an die Soldaten aus.

„Wo wir hinkamen mit den Booten", sagte der Pionier Fischer, „gab es Alkohol. Wir hätten das nie geschafft sonst." Aber viele schafften es auch mit Alkohol nicht. Das Grauen ging über ihre Kraft. Sie brachen zusammen, schluchzend wie Kinder.

Bis zur Dämmerung waren Tausende gerettet worden, unterkühlt, verletzt – aber am Leben. Tausend andere warteten noch auf Hilfe...

Drüben, jenseits der Elbe, senkte sich die Dunkelheit über die Millionenstadt. Kurz nach 19 Uhr war der Strom ausgefallen. In den Straßenbahnen hatten die Schaffner hinten und vorne Kerzen zur Warnung aufgestellt. Der Sender Hamburg hatte mehrmals berichtet, daß weite Gebiete auf der anderen Seite der Elbe vom Wasser abgeschnitten seien, aber die Menschen auf dieser Seite des Flusses schienen unfähig, sich darunter etwas vorzustellen; die Not der anderen war unwirklich und schien sie nicht zu betreffen. Nur in der Zentrale der Polizei am Karl-Muck-Platz kannte man nun das ganze Ausmaß dieser Not. Um 21 Uhr hatte Senator Helmut Schmidt zu einer Lagebesprechung ins Zimmer des Chefs der Schutzpolizei gerufen. Die Hubschrauberpiloten waren da und viele andere, die direkt aus den vom Wasser abgeschnittenen Teilen kamen und berichteten. Der Senator war ein Mann, der wußte, wie wichtig es war, schnell zu handeln. Er hatte gehandelt:

Weitere Hubschrauber waren unterwegs, weitere Schlauchboote, Flugzeuge brachten Tausende von Decken, Medikamente, Lebensmittel, Sandsäcke für die Deiche.

Überall meldeten sich Menschen, die helfen wollten. Es war alles getan. Lebensmittel, Kleidung, Trinkwasser standen auf dem Flugplatz bereit, um bei beginnender Morgendämmerung von den Hubschraubern eingeflogen zu werden. Was menschenmöglich war, war geschehen.

Alles hing jetzt davon ab, wie der Sturm sich weiter entwickeln würde. Die Deiche waren an vierzig Stellen gebrochen; wenn der Sturm nicht nachließ, würde alle Hilfe nichts nützen.

Dr. Müller, der diensthabende Meteorologe im Seewetteramt, arbeitete im Schein der Kerze an der großen 21-Uhr-Wetterkarte. Vor dem Fenster stand die Dunkelheit, dicht und undurchdringlich. Die Lichter der Schiffe fehlten, ihr Tuten und das bläuliche Licht der Schweißbrenner von den Werften.

Die Karte, auf der sonst Hunderte von Meldungen eingetragen waren, war seltsam leer. Das Seewetteramt bekam fast alle Nachrichten über Fernschreiber, und ohne Strom gab es keine Nachrichten. Das Fischereischutzboot „Meerkatze“ hatte sich seit 24 Stunden nicht mehr gemeldet.

Dr. Müller blickte auf die Karte; plötzlich dachte er an den Freitagmorgen – gestern –, als Dr. Mertins ihm den Dienst übergeben hatte. Dessen Worte kamen ihm in den Sinn: „Das ist ein ausgesprochenes Katastrophentief“ – und seine, Müllers Antwort: „Solange ich hier arbeite, habe ich noch keinen richtigen Orkan erlebt. Ich habe schon viele großartige Stürme vorzeitig sterben sehen.“

26. Februar 1962 auf dem Hamburger Rathausmarkt:
Hamburg nimmt Abschied von den Toten.

ALTE LEIPZIGER
WMF

Vincinette war nicht gestorben. Sie war groß und mächtig geworden – und sie hatte ein großes Reich beherrscht, ein Reich vom Nordmeer bis nach Island, von Skandinavien bis an die englische Ostküste. Sie hatte in diesem Reich geherrscht wie ein Tyrann. Aber auch Tyrannen stürzen.

Auf der Karte vor ihm lag das Zentrum des Sturmes jetzt über dem Baltikum, in der Bucht von Riga. Sein Sturmfeld beherrschte noch die Nordsee. Dr. Müller verglich die Meldungen der Feuerschiffe und Küstenstationen: Nordwest 9, Nordwest 10, Nordwest 9, Nordwest 11. Seit 45 Stunden blies der Sturm mit unverminderter Kraft!

Hinter Dr. Müller ging die Tür. Es war einer der Techniker. „Die Meldung der Feuerschiffe", sagte er.

„Und?"

„Ich glaub', wir haben ihn nicht mehr zu fürchten." Er sagte es, als spreche er von einem Menschen, der ihm sehr vertraut geworden war und dessen Schicksal ihm naheging. Dr. Müller überflog die Meldungen: „Elbe II", Windstärke 8. „Elbe I", Windstärke 7.

War es nur eine Atempause?

Dann kamen weitere Meldungen: Sieben! Sieben ... Kein Zweifel: *Vincinette* lag im Sterben. Sie hatte nicht mehr lange zu leben. Einen Tag. Vielleicht zwei. Der große Sturm würde jetzt schnell Energie verlieren. Sein Zentrum trieb langsam nach Osten ab; ins Innere Rußlands hinein, dem Friedhof so vieler Stürme. Aber so schnell gab der Sturm sich nicht geschlagen. Auch im Sterben war *Vincinette* noch ein großer Sturm ...

Fünf Männer auf der „Ondo"

Die „Ondo", ein englischer Frachter, war im Dezember im tückischen Mahlsand des Großen Vogelsandes gestrandet, zwischen dem Feuerschiff „Elbe II" und der Insel Neuwerk.

Die Arbeiter, die die Ladung Kakao löschten, hatten das Schiff bei beginnendem Sturm verlassen. Fünf Mann der Bugsier-Bergungsreederei waren an Bord geblieben.

An diesem Samstag glaubte niemand, daß Kapitän Sierks und seine Männer den Sturm auf dem Schiff überlebt hatten. Am Morgen hatten Fischer in der Oste-Mündung ein Rettungsboot der „Ondo" gefunden; es schien sicher, daß die fünf bei dem Versuch, das Schiff zu verlassen, ertrunken waren.

Dennoch war der Seenot-Rettungskreuzer „Ruhrstahl“ unter Kapitän Hoffmann aus Cuxhaven ausgelaufen. Auf 600 Meter kamen sie an das Schiff heran, das mit schwerer Schlagseite in der wilden See lag. Sie hatten über Funk die „Ondo“ angerufen und mit ihren Gläsern das Deck abgesucht – und nichts entdeckt. Sie waren wieder umgekehrt, sicher, daß an Bord niemand mehr lebte.

Die fünf Männer standen angeseilt an der Reling des Schiffes. Die Brecher stürzten über sie hinweg und drückten sie gegen das Eisen. Wie Schwimmer, die zwischen zwei Zügen hochkamen, schnappten sie nach Luft.

Seit sechzehn Stunden hielten sie hier aus. Sie hatten kein Licht, nur eine einzige Taschenlampe, kein Trinkwasser, nichts zu essen. Das Walkie-talkie, das transportable Funksprechgerät, funktionierte nicht mehr.

Es war ihr Beruf, zu retten, und oftmals hatte ihr Leben dabei auf Messers Schneide gestanden. Kapitän Othmar Sierks war ein erfahrener Hochseeschlepperkapitän mit einem von Wind und See gezeichneten Gesicht. Paul Nodolny, der Taucher, ein schweigsamer Mann mit schütterem Haar und einer Narbe auf der Wange, hatte nach allem getaucht, was es gab: Schiffen, verunglückten Flugzeugen, Minen und Toten.

Sie merkten nichts davon, daß die Gewalt des Sturmes nachgelassen hatte. Sie konnten kaum noch stehen. Sie hingen, vor Kälte klappernd, in den Tauen an der Reling; das Salzwasser hatte sich in ihre Augen gefressen; ihre Hände, die sich an die eiserne Reling klammerten, waren blutig gerissen. Sie duckten sich unter den wildgezackten Seen auf dem leeren, leckgeschlagenen Schiff; mit jedem Brecher drohte das Schiff endgültig zu kentern.

Wenn die Brecher in die offenen Ladeluken knallten, hörte es sich an, als ob ein Düsenjäger direkt über ihre Köpfe hinwegheulte. Ihre einzige Hoffnung war die Taschenlampe. Immer wieder morste der Kapitän in Richtung des Feuerschiffes „Elbe II“. Aber die schwarzen Seen löschten die Lichtstrahlen aus.

Er blinkte weiter: SOS – SOS! *Können uns nicht mehr halten.*

Wütend peitschte der Sturm schwere Seen gegen das Boot, das der Elbmündung und dem Wrack der „Ondo“ auf dem Großen Vogelsand entgegenstampfte. *Vincinette* wollte sich ihre letzten Opfer nicht entgehen lassen.

Auf der Kommandobrücke des Seenot-Rettungskreuzers „Ruhrstahl“ stand Kapitän Hoffmann. Er hatte viele Stürme kommen und gehen sehen; keiner war wie dieser gewesen.

Als die fünf Männer auf dem Wrack der „Ondo“ das Boot entdeckten, diesen kleinen, auf den Wellen tanzenden Punkt, hatten sie nicht einmal mehr die Kraft zu jubeln. Kapitän Sierks wußte, daß die „Ruhrstahl“ ihre letzte Chance war. Einen weiteren Tag oder gar eine Nacht auf dem Wrack würden sie nicht überstehen.

Der Sturm orgelte, als verhöhnte er die fünf Gefangenen der „Ondo“. Grünweiße Seen gingen über das Deck. Sierks deutete zum Vorschiff. Nur von dort aus konnten sie das Wrack verlassen. Er ging als erster. Der fliegende Gischt stob ihm ins Gesicht, als er auf allen vieren über das glitschige, steile Deck kroch. Über ihm schlugen die Ladebäume hin und her. Die vier Männer folgten ihm, mit zitternden Händen und Knien.

Schließlich kauerten alle fünf zusammen am Bug. Im grauen Tageslicht tanzte die „Ruhrstahl“ wild in der gefährlichen Brandung. Sie war jetzt so nah, daß man die winkenden Männer auf ihrer Brücke sah und die zwei Männer, die ein Sprungtuch spannten.

Aber auch der Sturm kämpfte. Sein tiefes, klagendes Heulen übertönte das Brausen der Brandung und das Ächzen des Wracks, als ginge es für ihn darum, zu leben oder endgültig abzutreten.

Die „Ruhrstahl“ war jetzt bis auf wenige Meter herangekommen.

Die fünf Männer auf der „Ondo“ wußten, was sie zu tun hatten. Sie konnten nur einzeln springen und immer nur dann, wenn das Boot am Bugsteven vorbeifuhr.

Der Sturm kämpfte mit letzter Kraft. Immer wieder trieb er die „Ruhrstahl“ vom Wrack ab, und einmal schmetterte er das kleine Schiff gegen den Steven der „Ondo“. Aber *Vincinette* verlor den Kampf um das Leben der Männer. Seit mehr als sechzig Stunden wollte sie ihren Tod. Jetzt verlor sie: Fünfmal fing das Sprungtuch erstarrte, eiskalte Körper auf.

Es war 14 Uhr an diesem Sonntag, dem 18. Februar, als die „Ruhrstahl“ mit den fünf Geretteten in Cuxhaven festmachte.

Die Elbmündung war übersät mit Treibgut, mit Siegeszeichen des Sturms. Noch war kein Schiff zu sehen. Aber nicht lange, und die ersten Frachter würden wieder mit lautem Tuten und flatternden Wimpeln an dem Bollwerk der Alten Liebe vorbei hinaus aufs Meer ziehen. *Vincinette* hatte ihre Macht über das Meer verloren. Es war an der Zeit für den Sturm, abzutreten.

Das Ende

In dem grauen, langgestreckten Gebäude, das den Hamburger Hafen überragt, wartete Dr. Mertins auf die letzten Meldungen. Vor dem Meteorologen lag die große Wetterkarte, beinahe fertig ausgefüllt.

Durch das hohe Fenster sah Dr. Mertins den leeren, toten Hafen. Die Verladekräne ragten wie Skelette in den Himmel. Hin und wieder stob ein Boot mit schäumender Bugwelle durch das dunkle Wasser hinüber zu den überfluteten Stadtteilen. Immer wieder vernahm er das Summen der Hubschrauber; wie ein Schwarm großer Insekten hoben sie sich gegen den kalten, klaren Himmel dieses Februartages ab.

Das Zentrum des Sturms war in das Innere Rußlands weitergewandert, und auf seinem Weg über die endlosen Ebenen hatte es sich weiter abgeschwächt. In dieser Stunde lag das Zentrum des Sturms südlich von Moskau. Vielleicht verwüstete er dort ein paar Wälder. Vielleicht deckte er ein paar Dächer von Bauernkaten ab. Zu mehr reichte seine Kraft nicht mehr. Dr. Mertins gefiel es, wie der Sturm abtrat: wie ein Mensch, der erkannte, daß sein Ende gekommen war. Dr. Mertins betrachtete die Karte. Bei Island war ein neuer Sturm erschienen; er kam aus der Heimat von *Vincinette,* aber seine Energie war gering. Es war ein Sturm ohne Zukunft, ohne Gefahr für die Menschen.

Dr. Mertins war an das hohe Fenster getreten. Am Hafen sah er die Hunderte von Neugierige und immer noch kamen neue hinzu. Einen Augenblick spürte der Meteorologe fast so etwas wie Trauer. Die Stürme kamen und gingen, ohne daß die Menschen ihre Lehren verstanden.

In den von der schmutzigen, braunen Flut überschwemmten Gebieten waren die Menschen immer noch betäubt von dem Schrecklichen. Sie irrten ziellos zwischen den Trümmern ihrer Heime umher. Männer suchten mit stummen, verbissenen Gesichtern nach Angehörigen und dem Rest ihrer Habe. An Häuserwänden standen die mit Kreide geschriebenen Botschaften für die Verschollenen. Das Land sah aus wie vom Kriege heimgesucht.

Den Besatzungen der Hubschrauber, die über ganz Norddeutschland ihre Einsätze flogen, bot sich überall das gleiche Bild der Verwüstung. Von Hamburg bis Cuxhaven war das Land in Schlamm und Wasser ertrunken. Bauernhöfe ragten wie Inseln aus der Flut. Nur die Telegrafenstangen zeigten noch den Verlauf der Straßen.

1. März 1962 auf dem Hamburger Hauptfriedhof Ohlsdorf:
77 Sturmflut-Opfer werden in einem gemeinsamen Grab beigesetzt.

An der Küste vom Dollart bis hinauf nach Schleswig-Holstein sahen die Hubschrauberpiloten zerbrochene Deiche und die zerschlagenen Uferbefestigungen der Inseln. Und überall sahen sie auch Menschen, kleine emsige Ameisen, die dabei waren, die Deiche notdürftig zu flicken.

In Hamburg barg man noch immer Leichen. Dänische Froschmänner und Sporttaucher aus Köln, Essen und Siegen setzten die Leichensuche fort. Der Schein ihrer Unterwasserlampen drang nur wenige Zentimeter durch das trübe, schlickige Waser; und so ertasteten sie sich den Weg in die überfluteten Häuser. Ihre schwarzen Gummianzüge boten keinen Schutz mehr vor der Kälte. Viele waren zerrissen.

Immer, wenn sie einen Toten gefunden hatten, kam das Schlauchboot und holte ihn fort zu dem an der Straße wartenden Lastwagen.

Die schwarzumränderten Totenlisten in den Zeitungen wurden immer länger; schließlich würden es 312 Tote sein. Die beiden Leichensammelstellen in Harburg und Altona reichten nicht mehr aus; im Zentrum der Stadt, auf der Kunsteisbahn im Ausstellungspark „Planten un Blomen", wurde eine „zentrale Leichensammelstelle" errichtet.

Immer wieder fuhren die Lastwagen mit ihrer schrecklichen Last vor. Manchmal kamen auch ahnungslose Jungen und Mädchen, denen die Schlittschuhe über die Schultern hingen.

Die Mordkommission hatte die Aufgabe übernommen, die Leichen zu identifizieren. Unter dem Zeltdach über der Kunsteisbahn lagen die Toten. In langen Reihen. Die Kinder lagen für sich. Immer wieder führten die Kriminalbeamten Menschen an den Reihen entlang; einen Vater, der nach seinem Kind suchte, einen Sohn, der die Mutter vermißte.

Das Tageslicht fiel fahl und bleich durch das Dach des Zeltes auf die Gesichter der Toten – und der Lebenden, die die Reihen durchgingen, fröstelnd von der eisigen Kälte der Luft und der noch eisigeren in ihren Herzen.

Jenseits der Elbe hielt das Wasser immer noch Tausende gefangen. Sie brauchten Trinkwasser, Lebensmittel, Kleidung – aber wenigstens war ihr Leben nicht mehr bedroht.

Die Hubschrauber flogen pausenlos, landeten auf den mit Chlorkalk gestreuten Landekreuzen. Von den Versorgungsstützpunkten fuhren Boote zu den eingeschlossenen Häusern. Langsam verebbte das Grauen.

Für einen Augenblick hatten die Gegenwart des Todes und die gemeinsame Not die Menschen verbunden und sie alle gleichgemacht. Jetzt zerfiel diese Gleichheit, und sie wurden wieder Einzelne. Es kam das beschämende Nachspiel von Katastrophen.

„Verdammt, warum habt ihr denn keine Zigaretten?“ wurde den Soldaten von Balkonen aus zugerufen. Es gab manche, die mit dem Lebensnotwendigen, das ihnen die Retter brachten, nicht mehr zufrieden waren: Brot, Wasser, Milch, Brennholz. Es gab Leute, die den Soldaten Zettel reichten: „Verpflegung für zehn Personen“ – und nachher stellte sich heraus, daß in dem Haus nur drei Personen lebten.

In einem Hochhaus ließen sich die Bewohner von zwei Bootsmannschaften versorgen und fuhren selbst mit einem Privatboot zu den Versorgungsstellen. Daneben aber warteten in einem Haus Menschen, die nicht einmal das Notwendigste besaßen.

Es gab Kraftfahrzeugbesitzer, die mit ihren heilen Wagen absichtlich Fahrzeuge der Bundeswehr streiften, damit ihre Autos kostenlos neu lakkiert würden. Es gab jene Händler, die für Kerzen, Zigaretten und für eine Flasche Spiritus Schwarzmarktpreise verlangten. Obstbauern erschienen mit Kisten voller Äpfel am Deich und verkauften sie für zehn Pfennig pro Stück an die Soldaten, die eben noch ihren Besitz gerettet hatten. Die Polizei mußte vor falschen Sammlern warnen. In Winsen an der Luhe, in Salzgitter, in Fallingbostel wurden Männer verhaftet, die angeblich für die Flutgeschädigten sammelten.

Langsam ging die Flut zurück. Das Leben normalisierte sich. Bald fuhren wieder die ersten Züge über die Elbbrücken. Einige Wochen noch würden die Meldungen von der Katastrophe die Titelseiten der Zeitungen beherrschen. Von überall trafen Spenden und Hilfsangebote ein. Und für eine Weile gehörte den Betroffenen das Mitgefühl der Welt. Aber allmählich würden die Nachrichten in den Zeitungen verschwinden, und die Menschen würden aufhören, über das Geschehene nachzudenken.

Man begann über Schuld und Versäumnisse zu reden. Man bekräftigte, daß man die Warnung verstanden habe und nun alles besser machen würde. Die Überlebenden hatten die Toten zu Grabe getragen. Die Zeit des Leidens war vorüber. Und wie immer begann die Zeit des Vergessens. Nur für diejenigen, deren Leid noch ganz frisch war, für die, welche Angehörige und ihr Heim verloren hatten, war das Geschehen noch bitter und gegenwärtig.

Als Dr. Mertins an jenem Montagmorgen, zwei Tage nach der Katastrophe, zum Dienst kam, stellte er fest, daß der Sturm in der Weite Rußlands sein Leben ausgehaucht hatte. *Vincinette,* die Siegreiche, war tot.

Der Meteorologe blätterte an jenem Morgen noch einmal in den alten Wetterkarten. Vor fünf Tagen hatte er *Vincinette* zum erstenmal entdeckt, als kleinen Wirbel an der Südspitze Grönlands. Er verfolgte ihren zielstrebigen Weg über die Straße der Stürme; das große Atemholen bei Island. In ihrem kurzen Leben hatte *Vincinette* fast 5000 Meilen zurückgelegt. Sie hatte über ein Gebiet geherrscht so groß wie ein Kontinent. Sie hatte in das Schicksal der Menschen eingegriffen als Werkzeug eines höheren Willens.

Der Meteorologe legte die Karten beiseite, die die ganze Lebensgeschichte *Vincinettes* enthielten, die Geschichte von Geburt, Macht und Tod eines großen Sturmes. Der Sturm war tot. Besiegt von seinem größten Feind – der Zeit.

Die meisten Stürme werden geboren, wachsen, hauchen ihr Leben aus und bleiben namenlos. Aber immer wieder wird einer kommen von der Macht *Vincinettes* und die Menschen daran erinnern, daß es keinen endgültigen Sieg über die Natur gibt.